KB152185

호기심 많은 로맨틱 과학자의 독서 기행

- 거의 모든 것의 기원을 찾아서 -

호기심 많은 로맨틱 과학자의 독서 기행
- 거의 모든 것의 기원을 찾아서 -

1판 1쇄 인쇄 . 2023년 2월 17일
1판 1쇄 발행 . 2023년 2월 23일

지은이 . 이원식
펴낸이 . 이희선
펴낸곳 . 미들하우스
주소 . 서울특별시 종로구 삼일대로 461 SK허브오피스텔 102동 805호
전화 . 02-333-6250
팩스 . 02-333-6251
등록일 . 2007. 7. 20
등록번호 . 제313-2007-000149호
ISBN 978-89-93391-32-9 (03400)
표지 및 본문디자인 . 이희선
인쇄 · 제본 . 영신사
값 . 15,000원

© 2023 이원식
이 책의 저작권은 저작권법에 따라 보호받는 저작물이므로 본 책자의 전재 또는
부분을 복제, 복사하거나 전파, 전산장치에 저장하는 것은 법으로 금지되어 있
습니다.

호기심 많은 로맨틱 과학자의 독서 기행

- 거의 모든 것의 기원을 찾아서 -

이원식 지음

| 감사의 말씀 |

책을 쓸 생각을 하기 전에 간헐적으로 올리던 페이스북 포스팅을 보면서
지속해서 격려를 아끼지 않았던 여러 페이스북 친구들,
특히 죽마고우 우병탁,
오랜 직장 동료였던 윤정구, 최윤호, 강상석, 남승호, 전태민 님들,
경동교회에서 남원제일교회 담임목사로 가신 장효수 목사님에게
감사의 말을 전한다.

읽어본 책 중에서 인상에 남는 것들의 목록을 만들어보라는
힌트를 줬던 전태민 님에게 특별한 감사를 전한다.
이 밖에도 거명에 누락된 수많은 이들의 자극이 없었으면
심연에 가라앉아 있던 숙제를 실천으로 옮기지 못했을 것이다.
초고를 읽어보고 읽을만한 책이 될 것이라고 격려해준
박동건, 강면구, 이양구 님에게도 감사한다.

원고를 마무리 해놓고 출판에 대한 고민을 하고 있을 때,
책의 취지를 알아채고 좋은 출판사를 찾아 준 멋진 사진작가이자
맛있는 사과를 재배하는 정우영 선생에게도 특별한 감사를 드린다.
끝으로 종이의 낭비로 그치기 십상이었던 졸저를
그럴듯한 책으로 만들어주신 미들하우스 출판사의 이희선 대표에게
진심으로 감사의 말을 드린다.

이 책을 주아와 아린이와 그들의 세대에 바친다.

우리가 남긴 세상보다 더 재미있게 사는 세상을

만들어다오.

이상한 남편의 쓸데없는 짓을 끝까지 감내해준

사랑하는 인혜에게,

You make my life complete.

목차

I. 들어가기

언제부터 호기심이 많아졌는지 잘 모르겠다. 학교에 다닐 때 공부를 그렇게 열심히 하지도 않았던 것 같다. 국민학교 시절에는 학급에서 성적이 하위에 머물러 있어서 학부모 회의가 있을 때마다 학부모 상담 순서가 매번 뒤로 밀려서 알게 모르게 부모님의 마음고생이 있으셨을 것 같다. 당시 필자는 그것도 모르고 그 시간 학교 운동장에 서 실컷 노는 것이 좋았고 돌아가는 길에 중국집에 들러 짜장면과 군만두 먹을 생각으로 행복한 마음뿐이었다. 중학교 입시에 대한 걱정을 종종 듣기도 했는데 다행히 초등학교 6학년 때 중학교 입시가 폐지되는 바람에 인생 첫 실패의 쓴맛을 뒤로 미룰 수 있었다. 그러나 책 읽는 것은 좋아해서 셜록 홈스나 괴도 뤼팽 등이 등장하는 추리소설과 김찬삼의 세계무전 여행기와 같은 탐험기를 즐겨 읽었던 기억이 난다. 장발장(레 미제라블의 어린이판)과 암굴왕(몽테크리스토 백작의 어린이판) 같은 '고전'도 보기는 했지만, 셰익스피어에 대해서는 존재도 모르다가 아버지 지인이 집에 오시면서 같이 데려온 또래 딸의 소개로 알게 될 정도로 독서의 폭은 넓지 않았다. 폭은 좁았지만, 독서에 대한 열성은 남달라서 당시 살던 신촌에서 제법 멀리 있는 종로2가의 종로서적에 혼자 버스를 타고 가서 사 볼 정도로 열심이었다. 부모님들은 당시 필자에게 무엇을 보셨는지 지지부진한 학교 성적에도 아들의 독서 취미에는 용돈을 아끼지 않으셨다. 충분한 설명이 되지는 않겠지만, 어쨌든 지금은 아내가 '뭐 그런 것까지도 신경을 쓰려고 하느냐, 그 시간에 가족에 대한 관심을 기울여라.'라는 식의 핀잔을 줄 정도로 호기심이 남다른 것은 사실인 것 같다.

어려서부터 남의 말을 잘 믿지 않는 아이는 아니었던 것 같은데 요즘은 남의 말을 곧이곧대로 믿는 일은 많이 줄어든 것 같다. 권위가 있다고 판단되는 전문가의 말은 중요하게 받아들이지만, 필자의 판단에 논리적이지 않은 주장을 펴는 이들의 주장은 무슨 동기로 저런 이야기를 할까 하는 의심을 하면서 바라보게 된다. 똑같은 이야기라도 건강검진 후의 상담에서 듣는 의사의 말은 철저하게 지키려고 노력하지만, 아내가 TV 프로그램이나 신문 등에서 들려주는 건강상식들은 건성으로 듣고 마는 모습 때문에 많은 핀잔과 다툼이 일어난다. 합리적인 설명이 없이 전해진 명언과 훈계는 가능한 멀리하려는 편이고 어록집은 아무리 유명한 사람의 것이라도 손도 대지 않는다. 가까이 지내는 사람과 대화를 하면서 그 내용에 대하여 믿지 않는 듯한 인상을 주게 되어 간혹 오해를 사는 일도 있고 웬만한 사람이라면 다 받아들일 것 같은 의견에도 반의를 내는 일이 종종 있다 보니 사이비나 반골로 불리기도 한다. 사실 이 정도 문제는 문제라고 할 것도 없는데 친가 외가가 다 2, 3세대 기독교인인 집안에 태어나서 성경과 교회에 대해 의심을 하기 시작했으니 이것은 큰 문제의 소지가 됐었다. 이 이야기는 다음으로 미룬다. 단, 이런 회의(懷疑)가 앞에 언급한 호기심과 얽히게 되어 지금에 와서는 오래전부터 알고 있는 주변 사람들을 놀라게 할 정도의 인문 기행에 나서는 계기가 됐다는 것만 밝히면 되겠다.

이쯤 되면 필자를 잘 모르는 독자들은 필자가 굉장히 부지런을 떨고 무슨 일에나 적극적으로 나서는 활동적인 사람으로 생각할 수 있겠다. 그러나, 필자 스스로는 게으르기 짝이 없는 사람이라고 자처한다. 단, 재미있어 보이는 것이 눈에 많이 띄는 바람에 곧잘 손을 댔다가 한번 빠지면 그 일에 많은 시간을 쏟는 모습이 비슷한 처지에 있는 지인들에게는 신기하게 보이는 모양이다. 하고 있던 재미있는 일로 빨리 돌아가고 싶은 마음과 장남으로 태어난 덕분으로 지닌 책임감 때문에 하기 싫어도 꼭 해야 하는 일은 억지로라도 해치워버리는 편이다. 또, 오랜 직장생활로 일찍 일어나는 것이 습관이 되어 주변보다는 오전 시간을 알차게 보내는 것이 꽤 부지런한 사람으로 보이는 모양이다. 속으로는 갖은 핑계를 대면서 미루는 일이 허다하고 계획을 잔뜩 세워놓고도 막상 그 일을 시작하는 데는 한참 뜸을 들이는 편이다. 지금 하는 이 작업도 머릿속 구상으로는 최소 5년 이상 전부터 하고 있던 것이다.

이런 평범하지만 약간은 별난 사람이 만들어지는 데는 좋은 부모를 만난 것이 큰 행운이었다. 초등학교 저학년 시절에 아버지가 스위스 외교관으로 파견되었고 중학 시절에는 하와이 대학에 교수로 가시게 되어 영어와 외국 생활에 익숙해지고 그쪽의 자유로운 학교 제도를 경험할 수 있었다. 이 덕분이라고 해도 되려나, 한 번도 학급 에서 1등을 해본 적은 없어도 공부라는 것을 그렇게 어렵거나 지겹 게 생각한 적은 없었던 것 같고 한 번도 학원이나 과외 신세를 져보 지 않고(예비고사 후 3학년 담임선생님의 권유로 한 달가량의 수학 과외만 제 외) 서강대학교 전자공학과에 입학할 수 있었다.

대학 졸업 후에 과학원(지금의 KAIST)에 진학하고 삼성전자에 입사하게 되어 반도체 부문에만 30년 넘게 근무하면서 뚜렷한 미래 가 보이지 않는 지지부진한 회사가 세계 굴지의 회사가 되는 전무후 무한 역사적인 현장에서 그 역사를 고스란히 체험하는 귀한 행운까 지 누릴 수 있었다. 그러나 그런 경험 뒤에는 상당히 오랫동안 일 외 에는 한눈팔 수 있는 여유 없이 전공 분야만 파는 생활이 이어졌다는 어두운 면도 있었다. 실지로 한동안 친구들과의 관계도 끊어지고 대 학 시절까지 좋아하던 야구와 대중가요를 잊고 지내는 바람에 그 당 시에 이름을 날리던 선수나 가수를 때늦게 새로 알게 되는 일이 허다 하다. 단지, 삼성전자라는 국내 제일의 기업에 다닌 덕에 그 회사의 뛰어난 교육과정으로 틈틈이 우리나라 최고의 명강사들 강의를 꾸준 히 들을 수 있었고 해외 첨단 기업 기업인들과 잦은 만남을 통해 우 리와 구별되는 사고를 접하면서 그것이 맺는 놀라운 결과들을 목격 했던 것이 그나마 필자의 사고가 너무나 한 부문으로만 좁혀지는 것 을 막아 줬던 것 같다. 필자는 대학에서도 전공과목 공부보다는 교양 과목이나 부전공(경영학) 공부를 더 흥미로워했고 직장생활 중에 다

녀온 박사과정 유학(메릴랜드 대학)에서도 학위공부보다는 매일 워싱턴포스트를 읽는 것에서 더 큰 재미를 느꼈던 것이 사실이다. 이것이 바쁜 직장생활에서도 전공 외의 분야에 대한 호기심의 끈을 놓지 않게 한 계기였을 것 같다.

20년 정도 직장생활을 한 다음부터는 언젠가 직장을 떠나게 될 때를 생각하면서 그렇게 되면 이제와는 다른 방향의 생활을 할 요량으로 그것에 대한 준비를 마음속으로 해왔었다. 마침 당시에 인터넷 시대가 열리면서 아마존이라는 도서 구매 사이트를 알게 된 것은 지금까지도 여러 부문의 호기심을 채우는 데 큰 도움이 되고 있다. 결국, 10년 전에 직장생활을 마무리하게 됐을 때, 자연스럽게 그간에 종사해오던 분야보다는 깊이 접해보지 못하여 잘 모르는 부문의 공부에 손을 대기 시작하였다.

한편, 비록 공직은 아니었지만, 대기업에서 조직의 한 부분을 맡은 처지에서 하고 싶은 말을 마음대로 하면 안 되겠다는 생각을 하고 직장생활을 했는데, 그런 자율적인 속박에서 풀려나는 기분도 들어서 SNS 계정을 만들고 그때그때 떠오르는 생각을 올리기 시작한 것이 아직 이어지고 있다. 그때 스스로 Romantic Scientist라는 별명을 지어서 올렸는데, 'romantic'이라는 말은 우리가 흔히 '낭만적'이라고 번역을 해서 타인(특히 이성)과의 관계에서 다정함이 많이 보인다는 것과 관련한 개념을 이르는 것이 아니라 암흑시대를 지나온 유럽인들이 당시 사회를 짓누르고 있던 교회의 각종 압제에서 벗어나서 고대 로마와 그리스의 인본주의를 되찾자는 주장을 담은 뜻의 로맨틱이었다. 그렇지만 스스로는 세속적인 중년 남자의 속성을 그대로 간직하고 있던 터여서 사람들이 전자의 경우로 해석하는 것을 마다하지는 않았다.

다소 반(反)교회 적인 별명을 스스로 짓게 된 연유에는 새롭게 시도하는 공부의 첫 발걸음은 앞에서도 언급했던 성서와 종교에 대한 회의에서 촉발되어 신학과 성서학에 관한 탐구로 시작하게 된 이유도 담겨있다. 이 첫 발걸음에는 이제는 고인이 된 안석모 목사(필자의 매제이기도 함)의 길잡이가 큰 도움이 됐는데 이때 공부하게 된 내용에 대해서는 뒤에 다시 다루기로 한다. 단, 이 공부를 통해서 기독교의 기원이 우리가 문자적 성서해석이나 교회의 교리적 가르침을 통해서 배운 내용과 상당한 차이가 있음을 확신하게 됐고 과거보다 과학도의 입장에 대한 더 강한 자신감을 갖게 되어 종교와 과학 사이의 갈등에서 과학적 이론의 우위를 입증할 기반을 다지겠다는 의지를 갖고 물리학, 천문학, 생물학 등의 책들을 읽으며 맹렬하게 탐구하기 시작했다.

모든 학문은 그 궁극으로 갈수록 복잡한 현상을 간단한 원리로 정리하여 단순하게 설명하는 것을 목표로 한다. 이것을 환원주의(reductionism)라고 하는데 이것의 좋은 예가 코페르니쿠스의 지동설이다. 천동설적 입장에서는 행성의 움직임을 매우 복잡한 규칙으로밖에는 설명할 수 없었으나 코페르니쿠스는 지동설을 세워서 태양을 중심으로 지구를 포함한 모든 행성이 단순한 원운동을 하고 있다는 것으로 설명할 수 있었다. 케플러가 당시 존재하던 관측결과들에 대하여 치밀한 계산을 하고 갈릴레오는 목성의 위성을 관측한 결과를 바탕으로 하여 각각 이 이론을 입증하는 발표를 하였으나 가톨릭 교회의 차단으로 정설로 받아들여지지는 않았다. 이후 뉴턴이 질량을 갖는 두 물체 사이에는 서로 당기는 인력이 발생한다는 만유인력 법칙을 발견하여 이제는 모두가 이것을 믿게 됐고 20세기 초에 아인슈타인이 일반상대성이론을 발표하게 되어 그 복잡하기만 하던 행성들의 움직임이 큰 질량 근처에서 공간이 휘게 되는 현상 하나로 환원될 수 있었다. 아인슈타인은 살아 있는 동안 중력과 전자기력을 다시 하나로 합치는 통일장 이론(Unified Field Theory)을 만드는 것을 목표로 삼았으나 양자역학에 대한 회의를 극복하지 못하여 큰 성과는 만들어내지 못했다. 이 연구는 아직도 현대물리학의 목표로 남아 있는데 호기심 많은 아마추어 물리학도의 수준으로는 뚜렷한 진전은 없어 보인다. 종종 이 부문을 다룬 입문 과정 수준의 책[1] 들이 나오기는 하지만 결론 부분에 가서는 철학서처럼 보이는 내용이 많아져서 일반인들의 이해에는 별로 도움이 되지 않는다는 인상을 받게 된다.

이렇게 어떠한 학문이든지 뒤에 갈수록 간단명료한 결론들이 나타나기 시작하는데 이런 것을 살피다 보면 학문 간의 생각하지 않던 연관이 보이는 일들이 종종 일어난다. 이 현상을 생물학자인 에드워드 월슨은 통섭(concilience)[2]이라는 개념으로 설명하고 있다. 우주의 기원을 찾는 탐구가 물리학으로 시작하여 같은 자연과학 분야인 지질학과 생물학으로 연결되는 것은 당연한 것으로 생각되겠으나 생물학의 진화론이 뇌과학으로 연결 지어지자 곧 언어학, 인류학, 사회학, 사학 등 걷잡을 수 없을 정도로 학문의 전통적인 경계를 넘나들게

---

1) Stephen Hawking, "The Grand Design", 2010
2) Edward O. Wilson, "Concilience", 1998. 통섭이라는 번역은 월슨 교수의 제자인 최재천 박사가 한 것이나. 최재천 박사는 "지식의 통섭"이라는 책도 썼다.

되고 한 분야의 권위자들이 다른 분야에 대하여 하는 언급들이 새로운 의문점을 내게 하는 것이 놀랍기도 하고 신기했다. 그렇게 제시된 길들을 한 발씩 내디뎌 본 것이 이 책의 내용으로 남게 된 것이다. 이렇게 생소한 부문들의 입문서들을 찾아보기 시작한 것을 돌이켜 보니 지금까지 자세히 정독하거나 슬쩍 훑어보거나 보다가 버린 책까지 포함하면 삼사백 권 가까이는 되는 것 같고 아직도 구입해 놓고 읽지 못하고 있는 책들도 50권은 족히 남아 있는 것 같다.

필자가 공학을 전공하고 평생을 엔지니어로 살아온 것을 아는 지인들은 필자의 인문학에 보이는 관심을 기이하게 여기는 것을 빈번하게 느낀다. 필자는 이것이 우리가 너무 어릴 때부터 이과와 문과를 분리한 데서 오는 것으로 생각한다. 필자가 운 좋게 미국에서 경험할 수 있었던 미국의 중고등 과정에서는 영어(그들의 국어), 수학, 과학, 사회 등의 과목을 학습능력에 따라 우열반을 갈랐던 것을 봤는데, 문과 과목에서 우반에 속한 학생은 이과 과목에서도 우반에 다니는 것이 일반적이었다.[3] 이렇게 준비된 학생들은 성인이 되어도 인문서적이든 과학서적이든 가리지 않기 때문에 좋은 책들은 분야와 상관 없이 베스트셀러 목록에 올라가는 것을 종종 볼 수 있다. 순수학문에 해당하는 철학, 문학, 사학, 예술, 수학, 물리학, 화학, 생물학 등은 지금과 같은 문과 이과 구분 없이 적어도 대학교 교양과정까지는 공통 과정으로 진행하는 것이 옳아 보인다. 같은 과목이라도 개인적인 학업능력에 따라 등급 구분을 하여 등급별로 수강하도록 하는 정도

---

3) 그곳의 중고등 과정에서는 우리 대학에서처럼 과목별로 교실을 옮겨 다니며 수업을 한다.

는 진도관리의 차원에서 필요할 수 있겠다. 그러나 사회의 일원이 되어 공통의 책임과 권한을 갖는 성인으로 양성하는 의무교육 과정에서는 이 사회를 여기까지 받쳐온 기본적인 진리에 대하여 가능한 한 많이 노출되도록 하는 것이 옳은 일이 아닐까? 임의적인 편의를 구실삼아 너무 일찍부터 상당한 부문을 포기하거나 경시하는 일이 지금의 복잡한 사회에서 갈피를 못 잡을 정도의 혼동을 일으킨 것은 아닐까? 응용학문[4]은 이렇게 기초를 탄탄히 잡아 나가면서 이 부문들의 지식을 도구로 자신이 습득한 학업능력에 따라 점차 세분화하면서 선택할 수 있게 하는 것은 어떨까?

홍익인간을 양성한다는 이상주의적인 목표를 세워놓고 상당히 인위적인 문리(文理) 구분만 해 놓고 그 많은 과목(필자가 고등학교 때는 최대 18과목)을 가르치면서 획일적인 기준으로 성적을 매기고 줄세우기를 하는 교육과정은 이미 여러 가지 부작용이 드러나고 있다. 차라리 위에 언급한 순수학문에 해당하는 과목들을 나이 수준에 맞는 적절한 조합으로 구성하여 학문의 지도자, 지속해서 먹거리를 제공하는 자, 사회의 윤활유와 같은 역할을 하는 자 등의 현실적인 배움의 길을 세우는 것도 생각할 만한 일인 것 같다. 이런 생각에 대하여 새싹부터 계층적 사회에 길들이기 위한 음모라고 하는 비난이 있을 수 있다. 그런데 교육을 받는 처지에 있는 학생들의 생각으로 어느쪽의 공부가 더 의미 있고 더 재미있을까는 물어보지 않아도 뻔하다. '공부를 재미로 하냐?'라는 질문에는 '재미없이 하는 공부는 나중에 남

---

4) 여기에 속하는 것으로는 모든 공학 계열과 경제학, 경영학, 법학, 심리학, 사회학, 어학, 언어학, 고고학, 인류학 등이 떠오른다.

는 것이 하나도 없더라.'라는 체험에 바탕을 둔 답을 하고 싶다. 교육의 일차적인 목표는 공부에 대한 재미를 잃지 않게 하는 것이어야 한다고 평소에 생각해 왔고 비록 우등생이라는 소리는 한 번도 들어보지 못했지만 나름으로 실천해서 제법 성과를 얻었다고 자평한다. 아마 조금만 더 좋은 지도를 받을 수만 있었다면 더 큰 효과도 얻을 수 있었을 것이라는 생각도 하고 있는데 모두가 이런 흐름을 탈 수 있게 하는 것이 모름지기 한 나라의 교육목표가 되어야 한다고 믿고 있다.

본론으로 돌아와서, 처음에는 기왕에 알고 있던 것들에 대한 재확인 정도에서 시작했던 탐구가 갈수록 전혀 모르던 분야의 지식을 습득하게 되면서 혼자만 알기에는 아깝다는 생각을 하게 됐다. 마침 지인들이 은퇴 생활 후의 생활에 궁금증을 표하는 일이 잦아져서 이에 대한 서비스 차원(사실은 후일을 생각한 나의 일상 정리의 의미도 있었음)에서 Facebook 계정을 만들어서 자주 다니는 식도락 기행과 여행 후기와 함께 인상 깊게 읽은 책이나 신문기사에 대한 후기를 올리기 시작했다. 그 횟수가 점점 늘어나가자 주로 옛 직장동료인 Facebook 친구들이 하나둘씩 이제는 책을 써보라는 권고를 하기에 이르렀다. 그러나 평소에 학문적 가치나 재미가 없는 책들이 너무 범람하는 것이 환경보호에도 역행하고 있다는 생각을 해오고 있었고 더 결정적으로는 제대로 된 책을 쓰는 것이 얼마나 힘이 드는 것인지를 선친의 저작을 보면서 잘 알고 있어서 쉽게 마음을 먹지 못하고 있었다. 그러다 얼마 전에 심심풀이 삼아 내가 그동안 독서를 통해서 얻은 지식의 목록을 정리해 보니 우주의 기원으로부터 시작하여 인류가 찬란한 문명을 이루어온 과정의 간략한 서술이 가능할 것이라 는 생각을 하게 되었다. 물론 이 모든 분야의 전문가도 아니고 그 분야의 입문서 정도밖에는 보지 않았으니 깊이 있는 서술을 한다는 것은 처음부터 목표로 삼지 않았다. 그보다는 각 분야의 기본적인 원리와 서로 다른 분야들 사이의 연관성을 쉽게 설명하여 누구나 알아들을 수 있는 인문학 입문 과정의 짧은 가이드 정도는 만들 수 있겠다는 생각을 하게 된 것이 이 책이 나오게 된 동기다.

이 책은 앞부분에서 우주와 지구 그리고 생명의 기원을 다루었고 중간 부분에서는 인류의 지각능력 발전이 피워 놓은 언어와 전통, 문명과 역사를 다루었고 마지막 부분에서는 이렇게 일구어 낸 찬란한 업적의 핵심이 변질하고 왜곡되는 현상을 다루면서 당면한 미래에 관한 생각으로 마무리를 하였다. 중요한 서술마다 해당하는 주제에 관련한 기초지식을 파악하는데 가장 큰 영향을 받은 서적을 해당 쪽의 각주에 참고로 달아 놨다.

2023. 2.
신봉동 서재에서
Romantic Scientist

II. 빛이 있으라

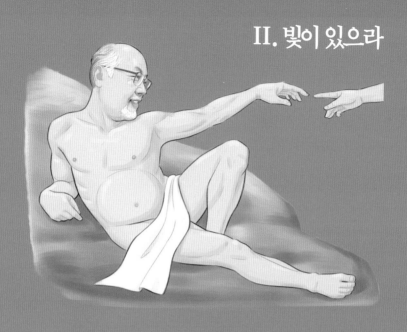

하나님이 가라사대 빛이 있으라 하시매 빛이 있었고
<창세기 1장 3절>

$$E = mc^2$$

앨버트 아인슈타인 Albert Einstein

우주는 더 이해할 수 있는 것처럼 보일수록 더 무의미해 보인다.
The more the universe seems comprehensible,
the more it also seems pointless.

스티븐 와인버그 Steven Weinberg

A. 신앙 세계의 믿음이 과학 세계의 믿음으로

필자는 친가 쪽으로는 할아버지 때부터, 외가 쪽으로는 외증조 할아버지 때부터 '교회를 섬기는' 독실한 기독교 집안에서 태어난 소위 모태신앙인이었다. 단순히 가계도 상의 전통뿐만 아니라 부모님과 친척 중에는 신앙생활과 일상생활에서 본받을 만한 분들이 많아서 그분들을 롤모델로 삼고 진정으로 그분들과 같은 신앙을 갖고자 노력했다. 그런데도 과학에 대한 지식이 늘어가면서 성서의 문자적 해석에 따르는 창조론에 대한 회의는 점차 깊어지면서 한쪽으로는 우주의 기원에 대한 과학적인 이해를, 다른 쪽으로는 성서에 대한 역사적인 이해를 하기 위한 탐구가 나란히 진행되었다.

중고등학교 시절을 지내면서 성서의 창조설과 기적들이 학교에서 배우는 과학적인 이론들과 잘 부합이 되지 않음을 느끼게 되었다. 그런데 참믿음을 찾고 싶은 의지를 계속 품고 있어서 마음 한구석에서는 자연 세계의 상위에 존재하는 초월적 영역과 그곳에서 오는 신의 섭리를 인정하고 싶었다. 이런 희망과 나름의 노력에도 뚜렷한 결실은 느껴지지 않았는데 믿음이 부족해서 그러려니 하면서 노력은 계속했지만, 확신을 가질 만한 결실은 없었고 회의심은 조금씩 깊어졌던 것 같다. 이렇게 믿음에 대한 의지와 회의가 병행하는 기간은 중년에 이르도록 상당히 오래 갔는데 이에 대한 개인적 에피소드도 있다. 다음은 그중 하나다.

대학에서 배우는 일반물리학에는 로렌츠 변환(Lorentz Transformation)이라는 것이 나온다. 이것은 서로 다른 속도로 움직이는 좌표계에서 상대의 좌표계에서 관측된 물체의 움직임을 자신의 좌표축의 좌표로 변환시키는 일련의 수식들이다. 이 수식들에 빛의 속도에 버금가는 아주 빠른 속도를 적용하면 어떤 일들이 일어나는가를 설명한 것이 아인슈타인의 유명한 특수상대성이론이다. 이 이론으로는 빠른 속도로 움직이는 물체를 관측하면 시간의 팽창(time dilation)과 길이 수축(length contraction)이라는 현상이 일어나게 된다. 이 현상들을 재미있게 설명한 책[5]을 대학교 1학년 시절 일반물리학 교수님의 소개로 읽은 기억이 있는데 관심 있는 일반 독자들에게 권해본다. 로렌츠 변환의 수식에는 분모에 $(1-v^2/c^2)$항[6]이 나오는데 이것 때문에 어떤 물체도 그 속도가 빛의 속도에 도달할 수 없다는 결론을 내리게 된다. 신앙의 끈을 놓치지 않고 있던 입장에서 만일 우주를 창조한 절대자가 존재한다면 그 영역은 $v=c$가 되는 영역일 것이라는 신앙적 해

---

5) George Gamow, "Mr Tompkins in Wonderland",1940, "One, Two, Three ... Infinity", 1961
6) v는 움직이는 물체의 속도이고 c는 빛의 속도를 가리키는 상수다.

알버트 아인슈타인과 헨드릭 안톤 로렌츠

석을 멋대로 덧붙여서 한 교회 모임에서 강연을 하면서 '이래서 하나
님은 시간과 공간을 초월하여 동시에 여러 곳에 계실 수도 있을 것이
다.' 운운하는 엉터리 이야기를 늘어놓았는데 강연이 끝난 다음에 청
중들의 감탄 섞인 칭찬을 받아낸 기억이 있다. 마흔을 바라보던 시절
이었던 것으로 기억한다.

　　이렇게 마음 안에 초월적 영역과 과학적 영역이 애매한 병립을
유지하고 있는 상황 속에서 과학적 호기심을 채우기 위한 탐구는 꾸
준히 진행됐는데 National Geographic과 같은 잡지들에 소개되는 우
주탐사와 천체 관측에 관련된 기사들이나 Carl Sagan의 "코스모스"[7)]
같은 책은 우주의 기원에 대한 갈증에 크게 도움이 됐다. "코스모스"
는 당시 TV 프로그램으로도 소개(요즘은 유튜브로 쉽게 검색됨)됐는데

7) Carl Sagan, "Cosmos", 1980

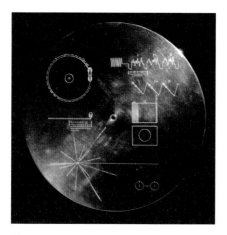

황금레코드. https://voyager.jpl.nasa.gov/galleries/images-on-the-goldenrecord/ 홈피에서 황금 레코드에 기록된 이미지를 볼 수 있다.

저자가 직접 나와서 우주의 규모를 묘사하면서 "billions and billions of……"라고 하던 모습이 지금도 눈에 선하다. 흥미로운 것은 이 책의 저자는 외계 지능(extra-terrestrial intelligence)의 존재에 대한 철저한 신봉자여서 1977년에 발사된 보이저(Voyager) 1, 2호에 인류의 문명을 묘사한 기록[8]을 실어 보내는 작업을 기획한 것으로도 유명하다. 이 탐사선들은 2012년과 2018년에 각각 태양계를 떠나서 현재 성간 우주(interstellar space)를 날아가고 있고 아직도 지구와 교신을 하고 있다. 이 탐사선들은 인류가 우주로 쏘아 올린 어떤 물체보다도 빠른 속도로 가장 멀리 날고 있는데 그 속도가 빛의 속도에 비하면 너무나도 작아서 가장 가까운 별 근처라도 도달하려면 앞으로도 수만 년은 더 지나야 한다.

---

8) 황금 레코드라고 부름.

여기에서 잠시 외계와의 조우(遭遇)에 관한 이야기로 샛길을 가보자. 외계와의 접촉은 크게 두 가지 방식으로 일어날 수 있다. 그 첫 번째는 위의 보이저나 영화 "콘택트(1997년, 조디 포스터 주연)"에서와 같이 직접적인 접촉이 없이 일정한 통신수단이나 기록으로 정보를 건네거나 받는 것이고 두 번째는 유명한 TV 시리즈 "스타트렉"이나 "스타워즈"에서와 같이 우주여행을 하여 직접 접촉하는 것이다. 외계에서 지구를 방문하는 예도 별도로 생각할 수 있으나 앞의 후자에 속하는 것으로 일단 간주하자.

우선 그 첫 번째 경우에 대해 고려를 해본다. 태양으로부터 지구의 거리는 1.5억km인데 이 거리를 간단히 1AU로 줄여서 말한다. 지구 다음의 행성인 화성은 태양으로부터 1.5AU 떨어져 있는데 가까운 이웃인데도 불구하고 최신의 로켓기술로도 가는 데만 수개월이 걸리고 전파를 이용한 통신에도 한쪽으로 ~10분, 왕복 교신은 ~30분 이상 걸린다.[9] 영화 "마션"을 본 사람들은 이것이 위급한 상황에서 얼마만큼의 어려움을 초래하는지를 쉽게 깨달을 수 있을 것이다. 그나마 그 영화에서는 교신의 상대가 서로 같은 언어를 사용하는 데다 16진법(hexadecimal) 코드체계[10]를 사용할 수 있는 사전 준비가 돼 있다는 행운까지 겹쳐 있었기 때문에 겨우 필요한 정보를 주고받는 장면이 나온다. 상대방의 문명의 수준을 알지 못한 채 한 방향만으로도 최소한 몇 년이 걸려야 하는 교신으로 과연 의미 있는 정보를 주고받을 수 있을까 하는 의문이 생길 수밖에 없다.

---

9) 지구와 화성이 태양 주위를 공전하는 주기상의 위치에 따라 직선거리가 달라질 수 있다. 가장 가까울 때가 5,460만km이다. 가장 멀 때는 이것의 5배 정도가 된다.

10) 컴퓨터공학과 전자공학에서 널리 쓰인다.

두 번째의 경우를 생각해 보자. 우선은 현재의 우주 탐사기술을 돌이켜 보자. NASA와 JPL 두 기관의 눈부신 활약에도 불구하고 우리는 아직도 태양계 내의 행성에도 탐사선을 쉽게 보내지 못하고 있다. 탐사에 드는 막대한 예산 규모만이 문제가 아니라 그 행성에서 탐사선을 착륙시킬 위치를 정하는 일 자체도 이제 겨우 조금씩 알아가는 중이다. 그러니 현재 태양계 밖의 다른 항성계에서 생명이 존재할 수 있는 행성(exoplanet)을 찾는 연구가 아무리 활발히 진행된다고 하더라도 그 중의 어느 것을 탐사의 목표로 삼아야 할지를 생각한다는 것이 얼마나 비현실적이라는 것은 쉽게 짐작할 수 있다. 그런데 이 어려움을 어떻게 극복한다 치더라도 더 큰 문제는 장기간에 걸친 우주여행에 대한 준비가 전혀 돼 있지 않다는 것이다. 무중력과 우주방사선(space radiation)에 장기간 노출되어 일어날 수 있는 의료상의 문제도 무시할 수는 없으나 이보다 더 큰 문제가 있다.

지금으로부터 35년 전에 발사되어 성간 우주(interstellar space)를 날고 있는 보이저는 지구로부터 300억km도 안 되는 가까운(!) 곳을 날아가고 있어서 10,000초(~3시간) 안에 전파통신이 가능하다. 그러나 아무리 가까운 별이라 하더라도 우리와는 4광년 이상 떨어져 있으니 보이저와 같은 속도로 가더라도 대략 50,000년[11]이 걸린다는 간단한 계산이 나오게 된다. 앞으로 기술이 발달하여 지금의 가장 빠른 무인 탐사선보다 더 빠른 유인 탐사선이 만들어진다고 가정하여도 지금의 10배 이상이 되기는 힘들 것이어서 수만 년 이상의 우주여행을 생각해야 한다. 냉동 수면과 같은 기술을 가정할 수는 있지만

---

11) 35년×(4년×광속) 10,000초, 전파의 속도는 광속과 같다.

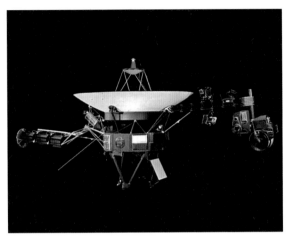

보이저1호는 2012년, 2호는 2018년 태양계를 벗어나 성간공간(Interstellar space)을
여행하고 있다. 나사 홈페이지를 통해 5분마다 업데이트된 보이저의 활동을
확인할 수 있다. [NASA]

수십년 이상을 바라기는 힘들어서 결국은 수백 세대 이상의 우주여
행이 필연적이라는 결론에 도달하게 된다. 돌아오지 못할 여행을 떠
나는 것이어서 가족 단위의 파견을 해야 하고 이것을 수용할 수 있는
구조를 갖춘 탐사선 건조, 미래에 대한 구체적인 확신을 주지 못하는
자녀들을 위한 특별한 교육이념을 수립하고 유전병 방지를 위해 다
양한 유전자 집단을 확보하여 파견해야 하고 밀집된 다세대 집단의
사회적 갈등을 조절하기 위한 자치제도를 구축하는 등 생물학적 · 사
회학적 난제가 하나둘이 아니다.

　이러한 상황에서는 태양계 밖으로의 유인 우주탐사나 여행은
사실상 불가능할 것이어서 영화나 소설에 등장하는 것과 같이 항성
간이나 은하계 간의 여행은 물론 외계인과의 실시간적인 전쟁을 한다

는 것은 고려할 필요가 전혀 없어 보인다는 결론에 도달하게 된다. 만일 모든 기술적 문제들이 해결된다고 해도 류츠신의 3부작 소설[12]에 나오듯이 어느 외계의 생명이 발견되면 그들도 우리의 존재를 알고 있을 것이라고 가정하고 마치 게임 이론의 유명한 Prisoner's Dilemma처럼 그들을 선제적으로 파괴하는 전략을 취해야 한다는 상당히 절망적인 결론에 도달하게 된다. 그러니 이런 토픽은 더는 고려하지 않기로 한다.

어쨌든 애매한 방황을 거치면서 필자의 마음속에 있던 과학과 신앙 간의 갈등은 점차 과학의 방향으로 기울게 됐는데 이런 변화를 가져온 것 중의 하나가 빅뱅에 대하여 비교적 자세히 알게 되어 밤하늘의 별 보기의 의미가 달라진 것이었다.

---

12) 류츠신, "The Three Body Problem", 2014, "The Dark Forest", 2105, "Death's End", 2016

B. 별을 보다가 알아낸 빅뱅

우주는 대략 135억 년[13] 전에 빅뱅으로 탄생하였다. 이 수치는 현재까지 물리학자들이 정설로 받아들이는 우주 기원의 모델을 가정하고 역산으로 계산한 수치이다. 빅뱅 이론은 에드윈 허블이라는 천문학자가 세웠는데 허블은 LA 근교의 윌슨산 천문대(Mount Wilson Observatory)에서 은하계의 스펙트럼을 관찰하면서 대부분이 서로 멀어지고 있음을 발견하고 이로부터 우주가 어떤 대폭발(Big Bang)을 일으킨 이후 지속해서 팽창하고 있다고 세운 이론이다. 허블은 은하계들의 빛에서 파장이 길어져서 보이는 적색편이(Red Shift)를 발견하고 이것이 서로 멀어지고 있는 물체에서 일어나는 도플러 효과 (Doppler Effect)에 의한 것으로 판단했다.

---

13) 가장 최근까지 밝혀진 바로는 137.98억 년으로 발표되고 있으나 135억 년이 외우기 쉬워서 이 수치를 사용한다.

현대의 천체물리학은 이 이론에 기초하고 있는데 아주 먼 곳에서 온 빛은 아주 오래전에 오기 시작한 빛이라는 사실을 근거로 하여 가능하면 멀리 관찰할 수 있는 망원경을 만드는 것이 주요한 관건이 돼 있다. 이러한 망원경들은 멀리 있는 물체를 크게 확대하는 의미보다는 멀리서 오는 적은 양의 빛을 많이 모을 수 있게 하는 일에 치중하여 설계된다. 그래서 넓은 광학구조를 만들게 되는데 이런 용도를 위해서는 렌즈보다는 접시처럼 오목한 형태의 반사경을 만드는 것이 훨씬 쉬우므로 전문적인 천체망원경의 1차 반사경[14]은 오목거울 형태로 만든다. 또한, 처음에는 가시광선 영역에서만 하던 관찰을 점차 적외선, 자외선, 엑스레이 등 가시광선 바깥의 영역으로 관찰하는 것이 늘어나면서 이제는 이 영역의 센서를 장착한 전파망원경[15]이라는 것을 많이 사용하고 있다. 이런 망원경들은 주변에서 퍼지는 빛이나 전파들에 민감할 수 있어서 사람이 사는 곳에서 멀리 떨어진 산속이나 사막 같은 곳에 설치되기도 하고 전자파가 대기권을 통과할 때 발생하는 왜곡 현상을 최대한으로 방지하기 위하여 높은산 위에 설치하는 예도 많다. 하와이의 빅 아일랜드를 여행할 때 마우나케아(Mauna Kea)산의 정상에 있는 천문대를 방문(내부는 보지 못하고 밖에서만 둘러봄) 한 일이 있었는데 한여름이었는데도 정상에서는 두꺼운 파카를 입어야 할 정도로 추웠던 기억이 난다.

---

14) 1차 반사경으로 모인 광선은 이 반사경의 초점에 설치된 센서나 볼록거울로 만든 2차 반사경에 모이게 된다. 2차 반사경의 빛은 1차 반사경 뒤에 있는 센서로 반사된다.

15) 흔히 빛이라고 일컫는 것도 물리학적으로는 전자파에 속하는 것인데 전체 전자파 스펙트럼의 가시광선 영역을 관찰하는 망원경은 광학망원경이라고 하고 이 바깥의 영역을 관찰하는 망원경은 전파망원경이라고 부른다.

허블 박사의 이름을 딴 허블 망원경은 바로 이 대기권에 의한 왜곡을 피하고자 우주 공간에 쏘아 올려 지구로부터 약 530km 떨어진 위성 궤도를 돌고 있다. 이 망원경은 1990년에 올려서 초기의 시행착오(내용은 뒤에 설명)를 거친 다음에 놀라운 사진들을 보내오고 있는데 가장 큰 망원경은 아니어도[16] 대기권 위에서 가장 먼 곳을 가장 적은 왜곡으로 기후 영향 없이 관찰할 수 있는 특징을 활용하여 여태까지는 상상이나 흐릿한 사진을 그림으로 옮긴 것으로만[17] 보던 것을 선명하고 찬란한 사진[18]으로 볼 수 있게 해줬다. 얼마 전에는 영특한 손자 덕에 되살린 레고 만들기 취미로 이 망원경과 이것을 실어 올린 우주왕복선이 묶인 세트를 구매하여 조립하기도 했다.

이 망원경은 이러한 훌륭한 성능으로도 유명하지만, 앞에 언급했던 시행착오로 유명하기도 하다. 1990년에 궤도에 올려서 촬영한 첫 사진들을 보면서 NASA에서는 난리가 났다. 그 사진들은 분명히 여태까지 지상관측으로 촬영한 사진들보다는 훨씬 선명했지만 애초 예상했던 정도는 아니었다는 사실을 알게 되었다. 이에 대한 원인조사가 진행되어서 Perkin-Elmer 사에서 진행한 1차 반사경의 제작과정에서 설계상의 미세한 오류가 있었던 것이 발견됐고 마치 우리가 시력교정용 안경을 쓰듯이 COSTAR라고 명명한 광학구조를 제작

---

16) 개별 망원경으로 큰 것도 있고 미국 뉴멕시코에 있는 VLA처럼 여러 대의 망원경을 묶어서 사용하는 방법도 있다. 심지어는 서로 다른 대륙에 있는 망원경들을 같은 목표에 초점을 맞추어 묶어 보는 기술도 있다.

17) 앞에 소개했던 세이건 박사의 코스모스 같은 책을 포함한 1990년대 이전의 출판물에 실린 별 사진들은 망원경으로 촬영한 사진을 화가들이 그림으로 다시 옮긴 것이 많았다.

18) David Dvorkin and Robert Smith, "Hubble, Imaging Space and Time", 2008

마우나 케아 천문대 [위키피디아]

해서 우주왕복선을 이용한 수리를 한 이후에야 당초에 원했던 선명한 사진들을 얻을 수 있게 됐다. 이 사건은 한편으로는 아무리 큰 사업이라도 미세한 오류로 전체를 망칠 수 있다는 관점으로 바라볼 수도 있지만, 필자와 같은 공학도로서는 만일의 사고에 대비하여 과정 중의 자세한 기록들을 남겨 놓고 그것을 이용하여 오류의 원천을 정확히 찾아내어 구체적인 해결책을 내는 데 성공한 엔지니어링의 위대한 성공 사례로 들고 싶다.[19] 그런데 이 일은 이 망원경이 그나마 우주 왕복선[20]의 도움을 받을 수 있는 낮은 고도의 위성 궤도를 돌고 있어서 수리할 수 있었지만 2021년 성탄절에 발사된 제임스 웹 우주

19) 이와 비슷한 예로 아폴로 13호가 달로 가던 중에 일어난 대형 사고를 우주비행사들의 침착한 대응과 NASA 과학자들의 기지로 잘 수습하여 무사히 귀환한 사건도 예로 들 수 있다. 이 사건은 "아폴로 13"이라는 영화로도 만들어졌다.
20) 유인 탐사를 점차로 무인 탐사로 전환하는 추세로 2011년의 마지막 비행 이후 프로그램이 종료됐다.

망원경(JWST, James Webb Space Telescope)은 훨씬 높은 궤도에 위치하게 되어, 발사 이후에는 위와 같은 수리를 포함한 인간의 물리적인 간섭이 배제되어 있다. 적색편이 현상으로 아주 먼 천체에서 오는 빛은 가시광선 영역에서는 관측이 안 되기 때문에 JWST는 적외선 관측에 주안점을 두고 만들어진 망원경이다. 여태까지 한 번도 보지 못했던 빅뱅 직후의 하늘의 모습을 보게 된다는 의미로 타임머신으로 불리기도 하는데 그곳에 그 시간으로 돌아가는 것이 아니라 이미 오래전에 보내진 빛을 지금 이 시각에 머물러 있으면서 보는 것이기 때문에 과학적으로 옳은 표현은 아니다. 사실은 시간여행이라는 것이 과학적으로 불가능한 것이기 때문에 이 정도를 가지고도 타임머신이라는 말을 하는 것이, 불가능한 일에 대한 미련을 버리지 못하는 인간적인 마음이 잘 보인다고 할 수도 있겠다. 이 망원경에 관한 이야기는 뒤에 다시 하기로 한다.

여기에서 조금 다른 이야기를 해본다. 영어로는 astrology라고 불리는 점성술은 천문학을 뜻하는 astronomy와 말이 비슷하여 영어권에서도 일반인들이 혼동을 일으키는 일이 종종 있다. 이 astrology는 별자리로 사람의 운세를 읽을 수 있다는 믿음에 기초하고 있다. 우리가 보통 별이라고 부르는 것들은 천문학적 표현으로 항성(star)에 해당하는데 밤하늘을 관찰할 때 위치가 변하는 행성(planet)에 비해서 그 위치가 변하지 않는다는 뜻에서 붙인 이름이다. 여기서 위치라고 하는 것은 절대적인 위치를 말하는 것이 아니라 천동설적인 입장에서 지구를 중심으로 매일 하늘이 동쪽에서 서쪽으로 움직일 때 별들이 한 뭉치로 이동하여 옆에 보이는 별들과 유지하는 패턴이 일정하다는 뜻으로 이야기하는 상대적 위치를 말한다. 이 패턴들이 바로 우리가 사자자리니 천칭자리니 하는 별들의 묶음을 말하는 것이다.[21] 이 별들에 비하여 더 밝게 보이는 행성들은 복잡한 운행을 보이는 것이 그 '별'들이 다른 별들과 특별히 구분된 의미가 있는 것이라는 믿음을 갖게 하였다.[22] 거기다가 더 크고 밝게 보이는 달은 하필이면 여성들의 생리 주기와 유사한 주기를 가지고 모양과 위치가 변하는 바람에 달과 행성의 움직임을 별의 패턴(별자리)에 맞추고 계절적 변화까지 묘하게 엮는 사이비 과학이 마치 하늘의 신비한 뜻을 담고 있다고 생각하고 이것으로 그럴듯한 예지적인 이야깃거리를 만들어내는 능력을 권위적인 것으로 여기게 되었다. 당시에는 자연스러운 현상이었을 수도 있으나 코페르니쿠스와 케플러와 갈릴레오 등의 헌신적인 노력으로 정리가 끝난 지동설을 모르는 사람이 없는 요즘에도 재미를 넘어 숙명적으로 점성술에 매달려 있는 사람들에 대해서는 어떻게 생각해야 하나? 특히 우리나라에는 서양에서 들어온 점성술에다 고대 중국의 주역에서 나온 음양오행설에 살을 붙여 만든 각종 형태의 점성술과 이제는 다시 타로까지 유행처럼 번지고 있는 것을 보면서 가슴 한구석이 허해짐을 느끼게 된다. 필자는 태극기가 자랑스러우면서도 한편으로는 태극기가 음양오행설을 바탕으로 만

---

21) 항성도 멈춰 있는 것이 아니다. 사실은 빠른 속도로 여러 방향으로 움직이고 있지만, 워낙 멀리 있다 보니 우리의 시각에는 멈춰 있는 것으로 보이는 것이다. 적어도 백만 년 단위로 관측을 해보면 우리 눈에 익은 별자리는 많이 바뀌어 있을 것이다. 이때는 새로운 점성술을 만들어야 할 것이다.

22) 항성은 태양처럼 스스로 빛을 내는 데 비해 행성은 스스로는 빛을 내지 못하고 태양의 빛을 반사하는 물리학적으로는 사소한 천체에 불과하다. 다만 지구와 더 가까워서 밝게 보일 뿐이다.

들어진 것이 항상 마음에 거슬리곤 했다.

이렇게도 보고 싶은 것만 보고 믿고 싶은 것만 믿는 마음에 가짜 뉴스가 설 땅이 만들어지는 것은 아닌지?

C. 빅뱅의 창조관

빅뱅이라는 우주의 첫 대폭발에 대해서 일반인들이 제기하는 의미 있어 보이는 의문들이 많다. 예컨대, 빅뱅 '이전에는 무엇이 있었느냐?' '빅뱅을 일으킨 것은 무엇이냐?' 하는 등의 의문이다. 이것은 우리가 시간이나 공간에 대하여 생각하는 것이 직감적으로 t=0 또는 x, y, z=0이라는 절대점을 갖는 좌표축을 연상하기 때문인데, 물리학자들은 빅뱅 자체가 시간과 공간이 만들어지는 특이점 사건이기 때문에 빅뱅 이전은 물론이고 바로 그 시점의 시공간도 과학적인 설명이 불가능하고 현재의 실세계에는 아무 의미가 없는 것으로 간주한다. 이 주제를 다룬 과학서적들이 많이 있는데 물리학자들은 종종 light-cone이라는 도식(圖式)적인 개념으로 설명한다.[23] 빅뱅 이후의 모든 일은 빅뱅으로 만들어진 light-cone 안에서만 일어나고 있고 이

---

23) Stephen Hawking, "A Brief History of Time", 1988

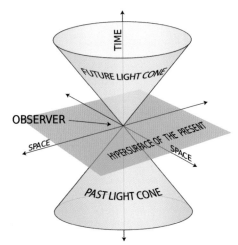

2D 공간에 시간 차원을 더한 light-cone (Wikipedia)

light-cone의 경계 즉, 우리의 시공간 경계는 빛의 속도로 확장되고 있다. 그런데 어떤 것도 빛의 속도보다 빨라질 수 없으므로 이 안에서는 이 시공간의 끝을 볼 수 없다. 사실은 과학적으로 다룰 수 없다는 표현이 더 옳겠다. 설사 light-cone의 안과 '바깥'이라는 것을 관념적으로 가정한다 하여도 그사이에는 물질이나 신호의 어떤 교류도 불가능하여서 설혹 이 순간 바로 옆에서 빅뱅과 같은 특이점 사건이 일어나도 나는 그 안을 바라볼 수도 없고 인식조차 할 수 없다. 일반적인 생각으로는 알 듯 말 듯한 오묘한 이론이다.

빅뱅에 대하여 물리학자들이 제시하는 이론과 실험적 증거는 놀라울 정도로 일치함을 보인다. 그 대표적인 예가 cosmic microwave background radiation(CMB)이라는 현상이다. 이것을 아주 짧게 설명하면, 빅뱅 초기의 극도로 높은 밀도와 온도는 사방으로 큰 빛을 냈는데 물질이 만들어지면서 공간의 팽창이 지속히여 우주 공간에 방사선이 퍼지게 됐다는 것이다. 그 방사선의 에너지는 지속해서 낮아져서 그 잔여 방사선을 측정하면 어느 쪽으로도 2.7K에 해당하는 파장의 방사선이 관찰될 것이 예측되었는데 이것과 독립적으로 진행된 관측에서 우연히 발견된 현상[24]과 일치하였다. 이어서 팽창 후에 물질이 만들어지기 위해서는 미세한 불균일이 존재해야 함이 제기됐는데 이것도 1989년에서 1993년 사이에 이루어진 COBE(Cosmic Background Explorer) 인공위성의 관측에서 정확히 일치한다는 결론을 얻었다.[25]

이렇게 마치 모든 것에 관해 설명할 수 있는 것처럼 보여도 물리학자들이 모든 것에 대한 해답을 다 말하지는 못한다. 예를 들어서 빅뱅의 특이점 사건 자체는 알 수 없는 것으로 확정되어 있을 뿐 아니라[26] '우주는 무한한 것인가? 아니면 유한한 크기를 갖는 것인가?' 하는 의문은 아직도 논쟁거리로 남아 있다. 실측되는 결과들로 우주가 팽창하고 있다는 사실은 알겠는데 이것이 어디까지 갈 것인가 하고 묻기 시작한 것이다. 이 문제를 최초로 체계적으로 풀어낸 것은 알렉산드르 프리드만(Alexander Friedmann)이라는 러시아 수학자이다. 그는 우주의 밀도가 어느 임계치보다 작으면 우주는 무한히 팽창하게 되고 그 임계치보다 크면 지금은 팽창하고 있는 우주가 언젠가는 다시 수축하기 시작할 것이라는 모델을 발표하였다. 우주가 무한하

---

24) 다른 관측을 위한 준비 과정에서 갖은 수단으로도 제거할 수 없는 신호가 이 현상이라는 것을 Bell Lab의 Arno Penzias와 Robert Wilson이 우연히 발견하였는데 이들은 이 발견으로 노벨상을 수여했다.

25) Alan Guth, "The Inflationary Universe", 1997

26) 알 수 없다는 사실을 아는 것 자체는 깊은 지식이 될 수도 있겠다.

게 팽창하게 되면 우주 온도가 계속 낮아져서 언젠가는 별의 탄생도 멎게 되어 쉬운 말로 죽은 우주가 된다. 반대로 우주가 수축하게 되면 온도가 지속해서 높아지면서 결국 빅뱅 초기의 상태가 된다. 이렇게 되면 다시 빅뱅이 일어나는 주기적 순환이 일어난다고 주장하는 학자들도 있는데 아무도 확실하게 밝히지 못하고 있다. 우주의 밀도가 임계치[27]와 일치하여 무한팽창도 일어나지 않고 수축도 일어나지 않는 상태로 임계의 크기에 근사해 가고 있다는 모델도 제시되고 있는데 현재는 이 모델이 유력하게 받아들여지고 있다.

---

27) 최근까지의 수치로는 $1m^3$당 10개 안팎의 수소 원자에 해당한다.

D. 소립자 연구로 빅뱅 알아가기

우주의 기원을 밝히기 위한 연구는 앞에서 설명한 것과 같이 먼 우주를 관찰하는 연구로도 진행되지만 아주 작은 소립자[28]들의 운동을 관찰하는 입자물리학의 이론으로도 연구되고 있다. 고대 그리스 시대부터 철학적인 개념으로서 원자라는 것의 제시가 있었으나 이것에 대한 현대적인 이해는 19세기 초의 영국의 화학자 존 달턴(John Dalton)부터 시작하였다. 이후 약 100년이 지나면서 전자와 양성자와 중성자가 발견되고 원자는 원자핵과 그 주위를 전자가 돌고 있는 구조로 되어 있다는 이론이 세워지면서 소립자에 관한 연구가 본격적으로 시작됐다. 이런 연구들은 양자역학의 이해가 깊어지면서 프랑스의 물리학자 드브로이(Louis de Broglie)가 미시세계에서 입자와 파동은 한 가지 현상에 대한 이중적인 해석에 지나지 않는다면서 물질

---

28) 소립자의 소는 한자로 작다는 뜻의 小가 아니라 기본이라는 뜻의 素

파(matter wave) 이론을 세워서 큰 전기를 맞게 된다. 이 파동-입자 이중성(wave-particle duality)은 물리적 세계에 대한 일반인들의 직감적인 이해와 거리가 클 뿐만 아니라 이에 대한 근본적인 해석에 대해서는 물리학자들 사이에서조차 지금도 논쟁이 끊이지 않고 있다.[29]

어쨌든 이 발견 이후로 앞의 양성자, 중성자, 전자들도 다시 더 근본적인 소립자로 구성돼 있다는 것과 이 소립자들에 작용하는 원자핵 내의 핵력[30]도 발견되면서 입자물리학이라는 부문이 생기고 새로운 소립자를 발견하기 위한 치열한 경쟁이 시작됐다. 이어서 우주론(cosmology) 부문에서는 빅뱅의 초기에 물질이 만들어지는 과정을 입자 물리의 이론으로 설명하기 시작했고 이것에 대한 더 깊은 이해를 위해 이 부문의 연구에 박차를 가하게 됐다. 이 부문의 과학자들은 입자들을 매우 큰 에너지로 가속해서 서로 충돌시킨 다음, 여기에서 파생되는 새로운 소립자들을 관찰하면서 미리 가정해 놓은 새로운 이론을 입증하는 결과를 찾는다. 가속 에너지가 클수록 여태 보지 못하던 소립자가 발생할 가능성이나 새로운 운동이 관찰될 가능성이 크므로 지속해서 더 큰 에너지의 가속기를 만드는 경쟁이 진행되었는데 가장 규모가 큰 것은 스위스 저네브(Genève) 근교에 있는 CERN의 LHC라는 가속기이다. 2012년에는 이곳에서 신의 입자라는 별명으로도 불리는 힉스 보손(Higgs Boson)을 발견했다고 발표하여 세계의 주목을 받기도 하였다.[31] 2000년에 출판된 댄 브라운의 "천사와

29) Sean Carroll, "Something Deeply Hidden, Quantum Worlds and the Emergence of Spacetime", 2019
30) 약력(weak force)과 강력(strong force)
31) Sean Carroll, "The Particle at the End of the World", 2012

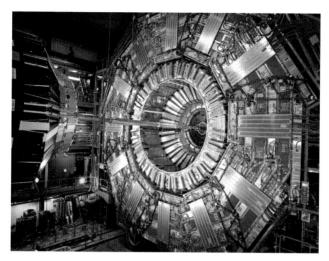
입자 가속기 내부 [CERN]

악마"라는 소설에서 누군가 바티칸을 폭파하려는 목적으로 반물질을 훔쳤다고 한 곳이 바로 이 CERN이다. 이 부문은 현대로 오면서 아마추어 물리학도의 이해수준으로는 물론이고 입자물리학자들도 따라가기가 복잡하고 어려워져서 이 정도로 짧게 다루고 지나가기로 한다. 당시의 현란한 연구 상황은 표준모형(standard model)이라는 것으로 정리됐는데 이쪽에 관심이 더 있는 독자들에게는 스티브 와인버그의 책[32]을 권한다.

빅뱅의 첫 폭발에서는 주기율표상의 수소와 헬륨만 만들어졌다는 것이 물리학자들의 설명이다.[33] 이 우주에 수소와 헬륨이 가장

---

32) Steven Weinberg, "The First Three Minutes", 1977
33) 사실은 수소와 헬륨의 재료가 되는 소립자가 만들어진 다음에 온도가 내려가면서 이 원소들로 뭉쳐졌다.

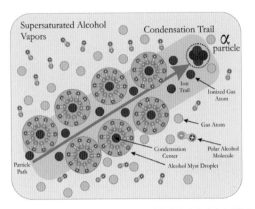

입자 가속기에는 cloud chamber라는 검출기가 달려 있어서 충돌로 만들어진
고에너지 입자의 궤적이 그려지게 돼있다. 입자물리학자들은 이 궤적을
분석하여 입자의 성질을 알아내게 된다. [Wikipedia]

많이 존재하는 것이 이것의 부분적인 증거라고 한다. 이후에 흩어진
물질이 뭉쳤다 폭발하는 과정이 거듭되면서 점점 더 무거운 원소들
이 만들어져서 우리가 잘 아는 주기율표의 모든 원소가 만들어졌다
는 것이다. 이 설명으로는 3~4세대의 폭발의 결과로 태양계가 형성
됐다고 하는 것이 정설로 돼 있다. 놀라운 것은 이러한 모든 일이 첫 3
분 안에 일어난 과정으로 다 결정이 됐다는 것이다. 그것은 단지 모
든 원소의 구조나 별의 진화과정 같은 것에만 해당하는 것이 아니라
물리법칙, 빛의 속도, 전자의 질량은 물론 모든 물리적 상수에까지
해당한다. 이러한 설명이 너무 복잡하게 느껴지기 때문에 이것들을
하나로 통합하는 원리를 찾는 것이 궁극적인 목표[34]인데 문외한의
눈에도 아주 멀어 보인다.

34) Stephen Hawking, "The Grand Design", 2010

E. 양자역학과 창조과학

현대물리학의 중요한 기둥이 되는 양자역학에 관한 이야기를 짧게 하려고 한다. 이 분야는 뉴턴역학이라고도 불리는 고전역학을 미시적 영역에까지 연장한 것이다. 천체와 같은 거대한 물체에 대한 설명은 고전역학에 상대성 이론을 합쳐서 매우 성공적으로 할 수 있었는데 20세기 들어서 원자와 소립자의 세계가 알려진 이후에 이것만 가지고는 해석이 안 되는 현상들이 발견되기 시작하여 그것들을 설명하기 위한 가설들이 세워지기 시작하였다. 이것들에 이미 19세기에 수학적으로 상당한 수준으로 정립이 된 파동역학의 모델을 접목하여 일부 가설들을 증명해 나가기 시작했는데 이것의 대표적인 예가 플랑크의 흑체복사(Black Body Radiation)에 관한 연구이다. 플랑크는 이것을 발표하면서 흑체에서의 에너지 방출은 유한한 기본단위(양자, quanta)의 배수로만 가능하다는 가설을 세운 것이 양자역학의 시작

막스 카를 에르스트 루트비히 플랑크(Max Karl Ernst Ludwig Planck, 1858년 4월 23일~1947년 10월 4일), 독일 이론물리학자. 양자이론에 관한 연구로 1918년 노벨 물리학상 수상. [Wikipedia]

이 되었다. 이때 플랑크는 고주파 영역에서 흑체복사에 대한 당시의 이론치와 실험치 간의 오차를 보정하기 위해 양자의 개념을 도입했다.[35] 한편 아인슈타인은 이미 다른 과학자들이 실험적으로 확증된 광전효과(Photoelectric Effect)를 설명하기 위하여 양자화된 빛의 개념 (후에 photon으로 불리게 됨)을 도입했는데 이 두 가설이 접합되면서 플랑크의 인위적인 수학적 보정 장치가 양자역학의 문을 열어준 셈이 됐다.[36] 이것이 동기가 되어 20세기 초에 보어의 수소 원자와 주기율표 모델, 파울리의 배타 원리(Exclusion Principle), 하이젠베르크의 불확정성 원리(Uncertainty Principle) 등의 발표가 이어졌다. 처음에는 관측

---

35) 플랑크는 $E = h\gamma$라는 항을 도입하여 실험치의 오류를 보정하였는데 이것을 마음에 들어 하지는 않았다.

36) 아인슈타인은 이 논문으로 노벨상을 받게 되지만 끝까지 양자역학을 받아들이지 않았다.

베르너 카를 하이젠베르크(Werner Karl Heisenberg, 1901년 12월 5일~
1976년 2월 1일), 독일 이론물리학자. 양자역학의 창안에 대한 공로로
1932년 노벨 물리학상 수상. [Wikipedia]

되는 현상들에 대한 가설로 발표된 것들이 1920년대에 슈뢰딩거의
유명한 파동공식(Shrödinger's Wave Equation)의 발표로 정립됐다. 이것
은 후일에 통계물리(statistical physics)와 접목되고 필자가 종사하던 반
도체업의 기반이 되어 눈부신 IT 혁명의 기초가 되었다.

평생 반도체업에 종사하게 되어 양자역학은 학부에서부터 석
사와 박사과정까지 적어도 네 번은 배웠는데 매번 무엇인가 찜찜한
상태로 종강을 맞이했다. 주어진 문제를 풀어서 해답을 찾는 것은 반
복적으로 습득한 요령으로 적절하게 할 수 있는 정도였지만 양자역
학의 첫 부분에 나오는 가설들에 대한 의문을 버릴 수가 없는 바람에
그랬던 것 같다. 그런데 박사과정 유학 시절에 부전공으로 수강한 양
자역학을 물리학과 대학원생들과 같이 배우게 될 때는 이번이 마지
막이 될 것이라는 각오를 하고 배우는 대로 받아들이기로 다짐을 한

에르빈 루돌프 요제프 알렉산더 슈뢰딩거(Erwin Rudolf Josef Alexander Schrödinger, 1887년 8월 12일~1961년 1월 4일), 오스트리아-아일랜드 이론물리학자. 슈뢰딩거 방정식으로 1933년 노벨상 수상. [Wikipedia]

바람에 가장 어렵게 배운 과정을 가장 만족스럽게 마쳤다. 이 기억으로 이때 사용한 교재는 아직도 기념으로 간직하고 있다.[37] 결국, 이 해의 관건은 믿음의 문제였다. 마치 교회에서 신앙의 시작은 믿음이라고 가르치듯이…….

'믿음'이라는 같은 단어를 사용하면서 상당히 다른 차원의 믿음 바탕에서 생기는 성서적 창조론에 관한 생각을 간단히 말하고 넘어가고자 한다. 물리학에 설명할 수 없는 특이점의 존재가 '신성함 (divinity)'을 문자적으로 믿는 이들에게는 자신들의 믿음을 과학자들이 자연의 법칙들에 대하여 갖는 믿음과 같은 수준으로 올리는 오류를 범하는 빌미를 제공한다. 앞에서 필자의 경험에서 언급했던 믿음

---

37) Ramamurti Shankar, "Principles of Quantum Mechnics", 1980

을 포함한 과학자들의 믿음을, 모델을 세우기 위한 가설들에 대한 맹신으로 해석할 수는 있으나 이런 믿음은 체계적인 실험으로 확증되는 절차를 거침으로써 그 믿음의 당위성을 객관적으로 평가하는 절차를 밟는다.[38] 이에 반하여 종교적 믿음은 개인적인 영적 체험을 제외하면[39] 순환적인 상승 고리에 놓여있을 뿐이고 객관적으로 확증할 절차가 존재하지 않는다.

구전으로 내려오거나 기록에 의한 전통이 있는 민족은 대부분 우주나 세계에 대한 창조관이 있다. 이런 것들은 대개 신화의 형태로 전해져 오는데 어떤 것들은 아주 독특한 설화로 서술되는 것들이 있는가 하면 어떤 것들은 다른 신화에서 일부분을 따온 듯이 유사성을 띤 것들도 있다. 또한, 어떤 것들은 초월적 존재에 의한 기원적 창조부터 묘사되는 것들이 있는가 하면 어떤 것들은 주로 익숙한 동식물의 오래된 형태로부터 인간이 창조되는 과정을 묘사하는 것들도 있다. 그중에서 현대의 문명과 과학에 가장 가까운 발달을 한 유럽과 그곳에서 가장 지배적인 종교였던 기독교의 창조관이 현대에 와서도 가장 잘 알려져 있고 논쟁도 많다. 이 중에도 가장 유명한 논쟁은 19세기 초에 영국의 윌리엄 페일리가 제기한 것으로 보인다.[40] 페일리

---

38) Thomas Kuhn, "The Structure of Scientific Revolutions", 1962

39) 필자는 교회에서 이야기하는 '성령이 강림하면서 불같이 뜨거움을 느끼는' 체험을 한 적이 없으나 명상 중에 아주 깊은 평안함을 느낀 적은 여러 번 있었다. 그렇다고 이 느낌을 교회적인 신성함과 연관하는 필연으로 인정하기보다는 여타 다른 종교나 심지어는 어떤 종교적인 의식과 무관한 명상으로도 이룰 수 있는 심리상태라고 생각한다. 그래도 실증적인 반론이 불가능하므로 더 이상의 고려를 배제하기로 한다. 역사적인 기록에 나오는 유명한 사례들은 신화적인 요소 때문에 신빙성이 모자란다.

40) 장대익, "다윈 & 페일리, 진화론도 진화한다", 2006

는 복잡하고 정밀하게 만들어진 시계는 시계공(時計工)이 어떤 분명한 의도로 만들었다는 결론을 쉽게 내릴 수 있다고 하면서 마찬가지로 이보다 더 복잡한 자연의 질서를 관찰하면 역시 여기에도 어떤 지적 설계자의 의도가 개입됐다는 결론을 내릴 수밖에 없다고 주장했다. 이런 창조관을 지적설계론이라고 부른다.

지적설계론을 믿는 사람들은 이것과 우주의 기원과 생명의 진화를 과학적으로 설명한 이론을 서로 대안적인 세계관으로 인정하고 학교에서 같은 수준으로 세워서 병행하여 가르쳐야 한다는 주장을 한다. 과학적 해석에는 그 근본에 더는 설명이 불가능한 영역이 있어서 전체로는 아직 가설 수준에 머물러 있는 반면에 자신들의 주장은 성서의 기록을 근거로 하고 있어서 허점이 있을 수 없다고 이야기하고 있다. 과학을 체계적으로 공부해온 입장에서 그 가설들을 입증할 수 있는 실험적 결과들이 이렇게 많은 21세기에 와서도 이런 사이비 논리가 사람들의 마음에 쉽게 자리 잡게 되고 신성불가침의 영역으로 여겨져서 그런 것들에 대한 깊은 토론이 차단되는 현상은 참으로 안타까운 일이 아닐 수 없다. 개인적인 믿음 자체는 어떻게 하지 못하더라도 믿음의 차이에 대한 논의마저 금기시되는 일이 빈번한데 좀 더 활발한 토론이 이루어지면서 쓸데없이 언성이 높아지는 일도 없어졌으면 하는 생각이 든다.

III. 태양과 지구와 달

우리는 별의 재료로 만들어졌다.
We are made of star stuff.

칼 세이건 Carl Sagan

우리는 달에 가기로 작정한다.
We choose to go to the moon.

존 에프 케네디 John F. Kennedy

A. 우리는 모두 별의 후손

앞 장에서 우주의 기원에 대해 상당히 어설프게 설명한 내용을 아주 알아듣기 쉽게 설명한 1시간짜리 동영상[41]이 있다. 이 강연에서는 빅뱅으로 수소와 헬륨과 아주 소량의 리튬이 만들어진 다음에 초기 우주가 식어가면서 그 원소들의 국부적인 뭉침 현상이 일어나서 처음의 별들이 만들어지고 그 별들이 다시 폭발해서 그다음 원소들이 만들어지고 하는 과정을 거쳐서 점차로 주기율표의 모든 원소가 만들어지는 과정을 설명하고 있다. 이렇게 만들어진 모든 별은 수소가 헬륨으로 바뀌는 핵융합 반응으로 에너지를 내게 되고 그 이외의 원소들은 별 주변에 흩어져서 돌다가 그 별의 행성으로 만들어지게 된다.

---

41) Youtube에서 "The Origin of the elements"로 검색하면 된다. Edward Murphy라는 대학교수가 영어로 하는 강연이지만 영어 자막도 있고 그림과 강사의 제스처가 이해에 도움이 된다. 얼마 전에는 JTBC에서 방송하는 "차이나는 클라스"라는 프로그램에서 우주의 창조를 다루는 에피소드에서도 이와 비슷한 내용을 봤다.

그 별들은 핵융합 반응의 연료로 수소를 소모하게 되는데 수소가 소진되면 융합반응을 멈추면서 그 별의 크기에 따라(핵에 축적된 헬륨의 양에 따라) 초신성이 되기도 하고 적색거성(태양의 경우)이 되기도 한다. 그런데 이 모든 반응의 원료는 최초 빅뱅에서 만들어진 소립자와 그것으로 만들어진 원소(주로 수소와 헬륨) 이외에는 추가로 만들어지는 것이 없다. 따라서, 지금 우리 몸을 구성하고 있는 원자들은 다 이 과정에서 만들어진 것이 반복적으로 재사용되고 있다고 할 수 있다. 다시 말해서 우리는 우주의 나이와 동일한 나이를 갖는 원자(그것을 구성하고 있는 소립자)들로 구성 돼 있는 것이다. 이것을 칼 세이건 박사는 '우리는 별의 재료로 만들어졌다.'라고 재미있게 표현했다. 굳이 우리말로 바꾸면 우리는 모두 별의 후손이라고 할 수 있겠다.

우주는 은하계로 이루어져 있고 은하계[42]는 별들로 이루어져 있다. 은하계의 모습은 중력에 의한 회전운동으로 가운데가 불룩한 원판(나선형의 날개가 서너 개 있을 수도 있음) 모양으로 만들어지게 돼 있는데 자신이 속해 있는 은하계 내에서는 먼 하늘에 한 부분이 두껍고 그 양쪽으로 띠 모양인 별 무리가 보이게 된다. 워낙 별이 많고 넓어서 어느 방향으로나 무한히 많은 별이 보인다는 착각을 일으키게 된다.[43] 우리와 가장 가까이 있는 은하계는 안드로메다 은하계로서 원래는 캄캄한 밤에 망원경이 없이도 관찰할 수 있었는데 요즘은 도시

---

42) 은하계를 영어로는 galaxy라고 하고 우리가 속한 은하계는 Milky Way Galaxy라는 고유명으로 부르고 있다. 대신 우리는 달과 위성이라는 구분된 단어를 사용하지만, 영어에서는 'moon'을 양쪽 경우에 공통으로 사용하기도 한다.

43) 실제로는 태양계는 은하계의 중심에서 은하계 반경의 절반 이상 떨어져 있고 두께 방향으로도 거의 가장자리에 있지만, 워낙 큰 구조여서 육안으로는 경계가 없이 무한한 것으로 보인다.

의 불빛에다 공기 오염 때문에 우리 은하도 잘 보이지 않아서 상당한 노력을 하지 않고는 보기가 어려울 것이다. 참고로 안드로메다 은하계는 250만 광년 떨어져 있는데 500억 년 후에 우리 은하와 충돌할 것으로 예측되고 있다.

별과 행성의 탄생은 동일한 하나의 사건으로 촉발이 되므로 측정이 불가능한 태양의 물질[44]을 측정하기보다는 지구나 달이나 심지어는 소행성(asteroid)에서 온 암석들을 분석하여 태양계의 나이를 추정할 수 있다. 이렇게 해서 알아낸 우리 태양계와 지구의 나이는 약 45억 년으로 비교적 정확하게 알려져 있다. 물론 전 세대의 폭발로 만들어진 성간매질(interstellar dust)이 별이 되고 별 주위에 떠돌아다니던 잔여물들이 소행성과 같은 조각들로 뭉쳤다가 다시 행성으로 뭉치는 과정을 거쳤을 것이어서 당연히 태양의 나이가 가장 많겠지만 그리 큰 차이는 나지 않는다.[45] 우리의 태양계에는 8개의 행성이 있는 것으로 알려져 있다. 2006년까지는 명왕성이 아홉 번째의 행성으로 알려져 있었는데, 공전의 회전축이 다른 행성들에 비하여 17° 기울어져 있는 등 다른 행성과 다른 점이 많아서 이제는 행성으로 불리지 않게 됐다. 오히려 태양계 바깥에서 흘러 들어온 천체가 태양계의 중력에 이끌려 갇히게 됐거나 본시 해왕성의 위성이던 것이 태양의 중력으로 행성과 유사한 궤도를 취하게 됐다는 가설이 있는데 후자가 더 유력한 것으로 알려져 있다. 한편 이론적인 분석으로 명왕성보

---

44) 어차피 수소와 헬륨밖에 없다.
45) 정확히는 태양은 47억 년이고 지구는 46억 년으로 알려져 있다.

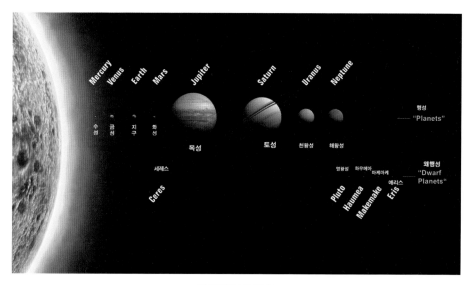

태양계 행성 [위키백과]

다 더 먼 궤도에 아홉 번째의 행성이 존재할 가능성이 제기되기도 했으나 아직 발견되지 않고 있다. 2021년에 발사된 JWST 망원경으로 이것을 관측할 가능성이 제기되고 있으나 제한된 관측시간에 다루기에는 중요도가 많이 떨어져 있다고 한다.

8개의 행성 중 수성, 금성, 지구, 화성은 암석으로 이루어져 있으나 목성, 토성, 천왕성, 해왕성은 모두 기체로 이루어져 있다. 이 중에서 목성은 태양계에서 가장 큰 행성으로 나머지 행성들을 다 합친 질량의 2.5배가 될 정도로 큰 행성이다. 화성과 목성의 사이에는 무수히 많은 소행성이 존재하는 소행성대가 있는데 이것은 초기에 행성으로 뭉쳐질 성간매질이 목성의 중력 방해로 뭉쳐지지 않은 상태로 남아 있는 것으로 해석하고 있다. 목성의 공전궤도 상에 있는 두 개의 라그랑주 점(Lagrange Point) L4와 L5 부근에도 소행성들이 안정적으로 위치해 있는데 2021년에 이 중에 큰 소행성들을 탐사하기 위한 Lucy 탐사선이 발사되었다.

소행성들에 대한 관심이 많은 이유는 크게 두 가지가 있다. 첫째는 소행성들이 행성을 만드는 재료가 되어서 행성의 기원에 관한 연구에 도움이 되기 때문이고 둘째는 이 소행성들이 가끔 지구와 충돌을 일으키기 때문이다. 지구와 충돌을 일으키는 소행성들은 대부분 크기가 작아서 대기권을 통과하는 중에 다 타버리거나 작은 운석 덩어리로 떨어지는 것이 대부분인데 지질학적 역사로는 공룡의 멸종을 일으킬 정도의 위력을 발휘한 큰 소행성들도 있었다. 이런 사고를 사전에 예측하고 큰 충돌을 방지하는 방법을 모색하려는 목적으로 하는 연구도 있는데 실제로 2022년 9월 27일 NASA는 역사적인 실험을 했다. 작은 탐사선을 소행성에 충돌시켜 궤도를 변경하는 실험, '다트'(DART · Double Asteroid Redirection Test)에 성공했다. 목표는 2003년 발견된 디모르포스라는 소행성인데 500kg의 작은 탐사선 DART는 초속 6.6km로 디모르포스를 향해 날아가 정확히 충돌했으며 그 결과 디모르포스의 공전주기가 30분 짧아졌고 궤도도 더 작아져 소행성 충돌로부터 지구를 방위할 수 있는 가능성을 보여주었다.

소행성들은 해왕성의 궤도보다 훨씬 먼(~30AU) 지역에 아주 널리 분포하고 퍼져 있는 것으로도 알려져 있는데 이곳을 카이퍼 벨트(Kuiper Belt)라고 부른다. 이 밖에도 이보다 더 멀리 있으나 아직은 실체적인 관측을 못 하는 오르트 구름(Oort Cloud)이라는 곳에도 행성 만들기에 쓰이지 않은 잔여 소행성들이 있을 것이라는 이론이 제기되고 있는데 이것들은 가끔 그 안쪽에 있는 행성들(주로 목성)과의 중력작용으로 종종 태양계 안쪽으로 날아오는 것으로 얘기되고 있다.

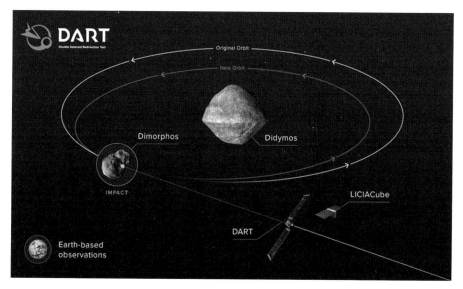

DART 미션의 개요를 보여주는 그림. 디모르포스가 움직이는 정반대 방향으로 탐사선이 정면 충돌해 궤도를 더 작게 만드는 시도였다. [NASA]

이것들이 행성과의 충돌을 일으키기도 하고 가끔 나타나는 혜성들의 기원이라고 한다.

태양계에는 수없이 많은 소행성이 있고 지구에도 큰 충돌이 여러 번 있었던 증거가 있음에도 과학자들은 가까운 미래에 대량멸절 (Extinction Level Event, ELE)과 같은 일이 일어날 것으로는 걱정하지 않는다. 그것은 그 정도의 일을 일으킬 소행성들은 이미 대부분 행성의 재료로 소진이 되어 앞으로는 충돌의 가능성이 현저히 감소했다고 믿기 때문이다. 실제로 지구의 생명 탄생은 소행성들과의 무수한 충돌이 핵심적인 기여를 했다는 것(이 이야기는 다음 장에서 다시 다룬다.)이 과학자들 사이에는 정설로 알려져 있다. 한편 화산활동이 없는 달의 표면에 있는 수많은 분화구는 소행성과의 충돌 밖에는 그 생성을 설명할 길이 없는데 대기권이 없어서 고스란히 충돌 피해를 당할 수밖에 없음에도 역사에 충돌의 관측 기록이 없어서 이러한 가설을 간접적으로 입증해주고 있다.

달의 기원에 대한 몇 가지 이론 중에는 거대충돌 가설이 있다. 이 가설에 의하면 초기 지구의 라그랑주 점에 지구보다 훨씬 작은 물체(테이아, Teia)가 있었는데 이 물체가 같은 궤도에 있는 물질들과 뭉치면서 화성만한 크기로 커져서 더는 안정적으로 남아 있지 못하고 지구와 거대한 충돌을 일으켰다는 것이다. 이 충돌로 만들어진 파편들이 지구 주위를 돌다가 지금의 달로 뭉쳐져서 지구의 위성이 됐다는 것이다. 이 이론에 의하면 달은 점점 지구에서 멀어져가야 하는데 아폴로 달 탐사에서 우주인들이 달 표면에 두고 온 반사판에 레이저를 쏴서 거리측정을 한 결과 정확히 그 이론과 일치함을 밝혔다. 또한, 달 표면에서 가져온 암석들을 분석한 결과 지구의 암석과 동일한 성분인 것으로 밝혀져서 이 가설을 입증하는 증거로 여겨지고 있다.

여기서 라그랑주 점과 관련한 꼰대 공학도의 첨언을 한다. 인공위성은 그 궤도에 따라 크게 두 가지로 구분된다. 그 하나는 인공위성 중 가장 많은 비중을 차지하는 저궤도 위성으로 지표에서 지구 반경의 1/3 이내인 2,000km 이하의 고도에서 일정한 속도[46]로 지구를 돌고 있다. 이 궤도는 발사비용이 비교적 저렴할 뿐만 아니라 지구와 가까워서 통신을 위한 소모전력 측면과 지표면의 영상관측에도 유리하다. 따라서 대부분의 통신위성과 유명한 우주정거장과 영상관측용의 상용 또는 군사용 위성도 이 궤도를 돌고 있다. 단, 이 궤도의

---

46) 최소한 약 두 시간의 공진 속도, 궤도가 낮을수록 공진 속도가 빨라진다.

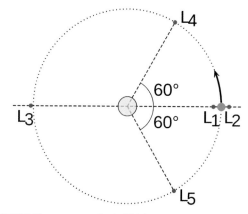

라그랑주 점(Lagrangian point) 또는 칭동점(秤動點)은 우주 공간에서 작은 천체가
두 개의 큰 천체의 중력에 의해 그 위치를 지킬 수 있는 5개의 위치들이다. 예를 들어,
인공 위성이 지구와 달에 대해 정지해 있을 수 있는 점들이다.

위성은 빠른 공전으로 지표면의 특정 지점과의 직선적인 연결이 자
주 끊어지는 현상 때문에 실시간으로 지표면을 관찰해야 하는 목적
으로는 불편한 점이 있다. 첩보영화에서 테러집단들이 이런 위성이
자기 지점의 상공을 지나는 시간을 미리 알고 건물이나 동굴 안으로
숨거나 힘이 막강한 첩보 기관이 특정 목표를 놓치지 않기 위해 위성
의 궤도를 조정(출력의 소모가 심하여 위성의 수명이 단축됨)하는 장면들을
연상하면 된다. 두 번째의 것은 지구 동기 궤도(geosynchronous) 위성
으로 위성의 원심력과 지구와의 인력이 균형을 이루는 지표상 고도
35,786km의 상공에 올려서 지구의 자전 속도와 같은 속도로 지구를
공전하게 하여 정해진 지구의 중계소와의 교신이 24시간 끊이지 않
게 된다. 이 중에서 특히 적도 상공에 있는 것은 정지궤도 위성이라고
하는데 이것들은 적도 상공에서 지구의 자전과 같은 공전 속도로 돌

기 때문에 적도의 한 지점에 꽂혀 있는 것처럼 보인다.

위성 궤도에 대한 잡담이 길어진 것은 L2 라그랑주 점이 마치 지구 정지궤도와 비슷하다는 착각을 일으킬 수 있기 때문인데 L2 점은 지구에서 150만km나 떨어져 있을 뿐만 아니라 이곳에 있는 물체는 지구를 공전하는 것이 아니라 지구와 같은 주기로 태양을 공전하고 있다는 것이다. 이곳에 JWST를 띄움으로써 태양에서 거리만 먼 것이 아니라 지구가 어느 정도 태양의 그늘 역할을 할 수도 있게 하여 태양으로부터 전달되는 열을 최대한으로 차단하려는 것이다. 지구에서 바라볼 때 JWST가 항상(중계소는 하루에도 몇 번 바뀔 필요가 있을지 몰라도) 같은 자리에 있다는 것은 통신의 용이성 측면에서 중요한 덤이 될 것이다. 이 망원경은 사실은 정확히 이 지점에 머물러 있는 것이 아니라[47] 천체의 일부가 지구와 달에 의해 가려지는 것을 피하기 위해 원운동을 하게 돼 있는데 여기에 소모되는 연료의 소진이 이 망원경의 수명을 결정하게 된다. 최소 5년을 견딜 수 있게 설계가 됐으나 10년 정도는 사용할 수 있을 것으로 예상한다. 이론적으로는 이 망원경의 수명이 다하기 전에 유인우주선을 보내서 A/S를 할 수 있으나 소요되는 막대한 자금의 제약으로 이런 시도는 아예 생각하지 않기로 원칙을 세웠다고 한다.

원거리의 물체를 관측하기 위해서는 허블 망원경보다 훨씬 큰 1차 반사경(지름이 6.5m)이 필요하게 됐는데 이것을 일체형으로 제작하면 운반할 발사체가 없어서 18개의 육각형 반사경을 연결하는 형

---

47) 이 지점은 역학적으로 불안정한 지점이어서 사실은 정확히 이 지점에 머물러 있기가 매우 어렵다고 한다.

태를 취하게 됐고 이깃을 발사체에 싣기 위하여 'ㄷ'자로 접히게 조립을 하였다. 이렇게 해도 NASA의 어떠한 로켓에도 적재할 수 없는 크기가 되어 Arianespace라는 프랑스 회사의 적재공간이 가장 큰 Ariane V 로켓으로 발사되었다. 부피 최소화를 위해 고도의 종이접기 기술로 접혀 있던 태양전지판, 태양열 차폐막, 1차 반사경 등의 모든 구조는 우주 공간을 나는 동안 지구통제소와 원격으로 교신하면서 자율적으로 제 모습으로 펼치는 작업을 하였다. 이 과정이 178단계의 구분 동작으로 구성되어 있었는데 어느 한 동작도 오류를 허용하지 않아서 이것이 진행되는 거의 한 달 동안은 관련한 담당자들뿐 아니라 필자와 같은 공학도들에게도 매일매일 초조함 속에 거듭되는 쾌거를 만끽하는 기간이었다.

이제 JWST의 남아 있는 기간 동안 허블 이상의 어떤 신기한 영상들을 볼 수 있게 될지, 그리고 물리학자들은 그것들을 보고 무슨 이야기를 전해줄지 궁금하기만 하다.

B. ET Go Home

스티븐 스필버그 감독의 명작 중에 "E.T."라는 영화를 보고 큰 감동
을 받았던 기억이 난다. 감독의 의도가 담겼겠지만 흉측하게 생긴
외계인에게 정을 느낀 지구인들이 그 외계인이 고향으로 돌아가게
돕는 이야기를 그려낸 영화다. 그 영화에서 그 외계인이 자신의 고
향과 교신에 성공하여 집으로 돌아갈 수 있게 됐다고 그동안 습득
한 간단한 영어로 하는 말이 'ET go home'이다. 과연 우리 은하계에
는 우리 말고도 고향이 있는 외계인이 있을까? 이것이 이 절의 주제
이다.

앞에 설명한 천체과학기술로 이미 우리 은하수에는 수많은 별
($\sim 10^{11}$)이 있고 우주에는 또 수많은 은하계($\sim 10^{11}$)가 있는 것으로 알려
져 있다. 여기에서 궁금해지는 것이 과연 이 많은 별 중에 위의 영화
와 같이 지적 능력을 갖춘 생명체가 있는 별이 있는가? 그런 별들을

찾을 수 있는가? 그런 별들과 어떤 식의 소통을 할 수 있는가? 이런 것들일 것이다.

　이 문제에 관한 현대과학의 탐구는 상당히 오래됐다. 1960년대에 전파망원경이 도입되면서 외부에서 오는 신호에서 임의적이지 않은(non-random) 체계적인 신호를 발견할 수 있으면 그것으로부터 외계 지능에 대해 추론을 할 수 있다는 생각으로 시작하여 이런 일들을 SETI[48]라는 이름으로 통칭하게 됐고 1984년에는 미국 정부의 지원을 받는 SETI 연구소가 설립되기도 했다. 그러나 몇 년 동안 큰 성과가 없자 낭비적인 사업이라는 비난을 받게 됐고 지금은 상당히 시들해져 있는 상황이다. 이런 비난 중에는 앞에서 소개했던 류츠신의 소설처럼 외계에 우리 존재를 알리게 되면 자칫 위기를 자초할 수도 있으니 당장 이런 활동을 멈춰야 한다는 주장도 있는데 이런 위기감은 너무 과장된 것이라는 생각이 든다. 설사 통신교류에 성공한다 하더라도 최소한 수십 년이 걸리는 전파통신에서 어떤 내용을 주고받게 될까? 아마 보이저호의 황금 레코드처럼 미리 정리된 정보 꾸러미를 일방적으로 보낼 수는 있겠으나 무슨 내용을 어느 수준으로 담을 것인가 부터, 아마도 이진법으로 표기되어야 할 정보를 어떤 비언어적인 구조로 표현해야 저쪽에서 해석이 가능할 것인가 등 여기에도 만만치 않은 문제들이 제기되게 된다. 더군다나 태양계 탄생 45억 년 만에 디지털 무선통신이 가능해진 것이 불과 50년 남짓 되었는데 수만 광년 이상 떨어진 행성과 동시대적인 접촉을 할 수 있으리라는 것은 확률이 그야말로 천문학적으로 낮을 수밖에 없다.

---

48) Search for Extra-Terrestial Intelligence

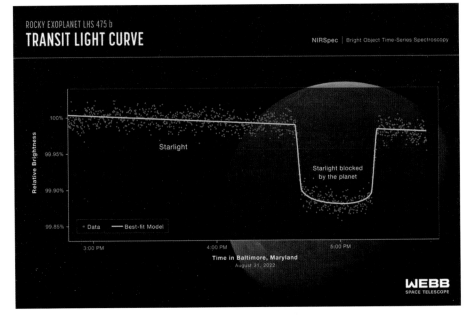

ROCKY EXOPLANET LHS 475 b
TRANSIT LIGHT CURVE

NIRSpec | Bright Object Time-Series Spectroscopy

Starlight

Starlight blocked by the planet

100%
99.95%
99.90%
99.85%

Relative Brightness

Data —— Best-fit Model

3:00 PM   4:00 PM   5:00 PM

Time in Baltimore, Maryland
August 31, 2022

WEBB
SPACE TELESCOPE

JWST로 관찰된(2022년 8월) LHS 475 b 외계행성. 외계행성이 별의 앞을 지나면서 그 별의 밝기가 주기적으로 감소하는 것을 관찰하여 그 행성의 공전주기, 크기, 구성성분 등을 알아낼 수 있다. [NASA]

최근에 외계행성에 관한 연구가 활기를 띠고 있다. 지구는 태양으로부터 적당한 거리에 떨어져 있어서 생명체 안에서 일어나야 하는 화학 반응들에 필요한 물이 액상으로 존재할 수 있다. 이러한 조건을 골디락스(Goldilocks)[49] 조건이라고 하여 이에 해당하는 외계행성을 찾는 것이 이 연구의 목표이다. 멀리 있는 별의 밝기를 측정하면서 그 밝기가 주기성을 가지고 미세한 변동을 보이면 그것이 그 별에 행성이 존재하는 것이라고 추론할 수 있고 그 밝기의 변동 폭과 주기로부터 행성의 크기와 공전 반경을 알아내는 것이 이 연구의 방법론이다. 이런 방법으로 찾아낸 외계행성들은 벌써 5,000개 가까이 되는데 아직 지구와 유사한 조건을 갖는 것은 하나도 발견되지 않은 것으로

49) 그림(Grimm)동화집에 나오는 곰 가족의 집에 침입한 여자아이의 이름에서 따옴.

알려져 있다. 앞으로 더 많은 외계행성을 찾아내서 앞에 언급했던 천문학적 확률을 높여보는 것이 그다음 목표가 될 텐데, 하나라도 찾게 되면 그 별의 방향으로 안테나를 맞추고 신호분석부터 시작할 것으로 짐작이 된다. 그러나 이런 관측으로도 외계 생명의 존재 가능성을 화학적으로 추정해보는 스펙트럼 분석 정도의 수준을 넘기 어려울 것으로 짐작이 된다.

1960년대에 프랭크 드레이크라는 천문학자가 고안한 드레이크 방정식(Drake Equation)이라는 것이 있다. 이 방정식은 우리 은하수의 알려진 별의 수에 지구와 비슷한 행성이 존재할 몇 가지 조건들의 확률을 곱하여 외계 지능이 존재할 수 있는 행성의 숫자를 체계적으로 계산하기 위한 공식이다. 이때 고려하는 확률 조건들은 다음과 같다.

- 별이 행성을 가질 확률
- 행성계에서 생명을 유지할 수 있는 행성의 개수
- 그중에서 생명이 발원할 조건을 갖는 확률
- 그중에서 지능을 갖는 생명이 발원할 확률
- 그중에서 소통이 가능할 정도의 기술 문명이 발달할 확률
- 그런 행성 중에 기술 문명의 발달이 가능할 정도의 수명을 가질 확률

이 중에서 그나마 신빙성을 가지고 거론되는 숫자는 은하수의 별의 수이고 나머지 항목들은 실험적인 확인을 거칠 수가 없어서 그

럴듯한 추정에 의한 수치밖에는 사용할 수가 없는데 특히 아래로 갈수록 추정에 대한 신빙성의 수준이 낮아진다. 그래도 그럴듯하다는 낙관적인 입장에서 추정하는 결과로는 1~10개라는 계산을 얻기도 하는데 위 확률들을 약간만 조정하더라도 수백만 개로부터 0에 가까운 결과도 쉽게 나온다. 위의 낙관적인 결과를 받아들인다면 우리는 10^{10}분의 1에서 10^{11}분의 1의 사이의 확률로 기적적으로 존재하고 있다고 할 수 있다. 필자는 우주에 우리 말고 다른 생명이 있다는 것은 믿지만 그것과의 의미 있는 접촉을 할 가능성은 전혀 없다고 믿고 있어서 이런 연구는 존재 가능성 여부로만 그쳤으면 좋겠다. 오히려 우리의 기적을 가능케 한 요인들을 흥미와 감사의 마음으로 돌아보는 것이 더 의미가 있어 보인다. 아래 그런 것들을 몇 가지 추려본다.

　우선은 우리 태양의 크기이다. 앞에서도 우리 태양은 그 크기가 큰 편이 아니어서 초신성으로 갈 수 없는 별이다. 그래서 수명이 긴 편이다.[50] 그렇다고 작은 것도 아니어서 행성들에 충분한 에너지를 공급해 줄 수 있다. 태양 자체가 골디락스 조건에 맞는 것이어서 복잡한 생명체로 진화하기에 적합했다. 우리 지구의 자전 주기는 24시간이고 앞에서 언급한 대충돌 이후 자전축이 $23.5°$ 기울어졌다.[51] 이 바람에 지구의 낮과 밤의 길이는 평균 12시간이 됐고 1년의 주기를 가지고 지구의 위도상 상당한 범위에서 사계절을 갖게 되었다. 화학반응의 속도는 행성의 공전과 자전 주기와 무관하게 온 우주에서 동일한 물리법칙에 따라 결정되는데 하루의 길이가 지금보다 현저하게

---

50) 지금이 적색거성으로 변할 시간의 절반 정도인 것으로 추정된다.
51) 사실은 약 4만 년을 주기로 22.1°와 24.2° 사이를 왔다 갔다 한다.

길거나 짧았다면 어떤 일이 일어났을까? 수성과 금성의 자전 주기는 각각 1,000시간과 5,800시간으로 상당히 길지만, 화성은 지구와 거의 같고 목성과 토성은 대략 10시간이다. 식물의 진화에서 광합성의 기여는 결정적이었다고 볼 수 있는데 낮과 밤의 길이가 수십 일이나 수백 일이 됐다면 어떤 진화가 일어났을까? 선인장처럼 수분을 많이 저장하여 가뭄이나 수분 증발에 견디기 쉬운 형태나 땅속에 양분을 많이 저장하는 감자나 고구마 같은 것들이 많아졌을까? 먹이사슬에 놓인 동물의 경우 긴 낮에 적당한 휴식주기를 유지면서 포식자로부터 피하려면 전부 나무 위에서만 서식하는 것이 유리했을까? 그럴 만한 나무가 진화할 수 있었을까? 포식동물의 경우 오랫동안 사냥에 실패할 것에 대비하여 낙타와 같은 혹을 달고 살아야 했을까? 모자라는 지식으로 생각하기에는 어려운 문제인데 지금보다 다양한 형태의 생물이 진화할 가능성이 크게 낮아질 것이라는 생각이 든다. 아마도 거의 틀림없이 인류가 탄생하지도 않고 탄생했더라도 지금과 같은 문명의 발달이 없었을 것이라는 생각이 든다. 일호의 기여도 없이 운 좋게 얻은 인생을 더욱 알차고 가치 있게 살기로 다짐하는 것밖에는 길이 없다는 생각이 든다.

C. Giant Leap for Mankind

우리의 조상들은 달이 태양 다음으로 밝은 천체인 데다가 대략 한 달 주기로 모양이 변하고 원반 안의 문양이 변하지 않는 것을 보고 신비스러운 마음을 가졌던 것 같다. 서구에서는 커다란 치즈를 채워 놓으면 누군가가 갉아먹는 것으로 보기도 하고 동양에서는 옥토끼가 방아를 찧고 은하수를 건너가는 쪽배로도 묘사하는 등의 재미있는 이야깃거리로 마음속에 존재하기도 했다. 강렬한 이미지의 태양보다는 부드럽고 은은한 어머니의 이미지로 여겨지는 일이 많았던 것 같다. 오래전 미국 콜로라도의 아스펜 여행 중에 음악 공연이 끝나고 숙소로 돌아가는 늦은 밤길이 하필이면 그믐날이어서 어두운 벌판을 기다시피 하면서 거꾸로 달에 대한 고마움을 되살렸던 기억이 있다. 달에 대한 인류의 이런 감성들은 오래전부터 그곳에 가보고 싶은 마음을 품게 하며 쥘 베른과 같은 소설가의 소재가 되기도 했다. 그런 꿈을 실현한 것이 아폴로 달 탐사 프로그램이었다. 닐 암스트롱이 달에 첫 발을 딛는 장면을 흑백 TV로 보던 일이 아직도 생생한 기억으로 남아 있는데 어린 마음에 달이 먼지로 이루어져 있어서 암스트롱이 달 표면에 첫발을 딛자마자 먼지 속으로 빠져버릴지도 모른다는 상상을 하면서 얼마나 무서워했는지 모른다. 그 공포의 순간을 넘기고부터는 달 탐사에 대한 모든 과정을 신나게 보게 됐고 1960년대의 아폴로 계획을 극화하여 다큐멘터리 형식으로 제작한 "지구에서 달까지"라는 HBO 미니시리즈는 지금도 DVD로 소장하고 있어서 종종 꺼내 보고 있다.

이 아폴로 계획은 소련의 스푸트니크 인공위성의 첫 발사와 유리 가가린의 우주 비행에 충격을 받은 미국이 머큐리 계획과 제미니 계획에 이어서 케네디 대통령의 지시로 소련에 앞서 10년 안에 사람을 달에 착륙시키기 위해 추진한 상당히 무모한 계획이었다. 이 계획을 위해 1961년에 휴스턴에 존슨우주센터(Johnson Space Center)를 세우게 되는데 이 새 건물을 둘러보고자 휴스턴을 방문한 케네디 대통령은 'We choose to go to the moon'으로 불리는 유명한 연설을 하게 된다. 이 연설의 요지는 어려운 일을 하기로 결심하고 도전함으로써 그 일을 통해서 우리의 능력의 수준을 깨닫고 더욱 매진하여 결국 성공을 맞게 될 것이라는 매우 희망적이고 낙관적인 것이었다. 이 연설의 영향으로 당시 이 계획에 대한 많은 반대에도 불구하고 유인 달 착륙계획은 그대로 진행될 수 있었고 마침내 1969년에 케네디 대통령의 약속대로 인류의 첫 달 착륙이 성공했다. 그러나 워낙 무리한 계획을 수행하다 보니 초기에 인명을 잃는 사고가 잦은 편이었고 뚜렷

아폴로 11호 발사 장면과 승무원 닐 암스트롱, 마이클 콜린스, 버즈 올드린. [NASA, Wikipedia]

한 성과를 얻지 못하여 1970년대에 대폭적인 예산삭감으로 계획된 탐사를 다 마치지 못하고 조기에 종료하게 됐다. 그러나 이 계획을 거치면서 대형 컴퓨터를 비롯한 전자산업과 우주산업이 크게 성장하는 계기가 만들어졌고 사고 예방을 위한 품질관리 기법들이 도입되기도 하여 후일의 우주왕복선과 각종 무인 우주탐사선들을 위한 기반이 조성됐다. 또한, 산업 전반에 미치는 여파가 지대하여 이것으로부터 흘러나온 기술과 엔지니어들이 지금의 IT산업을 촉발하는 핵심이 됐고 당시의 낭비적인 예산 집행을 훨씬 능가하는 경제적인 효과를 얻어냈다.

　　우주과학 분야에서는 특히 탐사선과 관련된 기술이 눈에 띄게 발달하였는데 이제는 미국은 물론 중국도 화성에 무인 탐사선을 보낼 수 있을 정도가 되었고 2011년에 큐리오시티 로버(Curiosity Rover)를 화성에 착륙시키는 장면이나 지구보다 대기가 훨씬 희박한 화성에서 인제뉴어티 헬리콥터(Ingenuity Helicopter)를 띄우는 장면은 평생

달착륙선의 레고 모형.
공학을 전공한 외할아버지와 부모 덕에
공작을 좋아하는 외손주를 핑계로
어릴 적 취미를 되살렸다.

공학도를 자처하는 필자의 가슴을 뜨겁게(살짝 눈물이 맺힐 정도로) 달구기에 충분했다. 이 장면들은 동영상으로 퍼져서 많이 알려졌지만, 앞에서도 소개했던 보이저 탐사 계획이 우리의 일상생활을 크게 바꾸는 기술개발의 계기가 됐다는 것은 그리 많이 알려지지 않은 것 같다. 보이저호는 알다시피 태양계를 벗어나는 먼 거리를 가게 되어 있어서 통신 신호가 약해질 수밖에 없다. 그런데 제한된 추진체 공간에 마냥 출력을 키우기 위한 큰 전원이나 큰 안테나를 장착할 수도 없어서 생각한 것이 송신된 통신 신호에 잡음에 의한 왜곡이 발생하여도 수신단에서 잡음을 제거한 원래의 신호를 복원할 수 있는 암호 기술을 채택하는 것이었다. 이 기술이 DVD나 MP3 같은 것의 상용화를 가능하게 했을 뿐 아니라 지금 거의 전 인류가 사용하는 이동통신 기술의 근간이 되기도 했다.

결국, 케네디 대통령의 무모한 약속이 닐 암스트롱의 작은 발자국을 통해 인류를 위한 위대한 도약이 된 것이다. 감히 여기에 견줄

일은 아니겠지만 어느 누구도 성공을 내다보지 못한 반도체 산업을 이병철 회장의 무모한 결심으로 시작한 것이 10년이 채 되기 전에 메모리 시장 1위를 달성한 이후 세계적인 대기업이 된 역사에 직접 참여해 봤으니 이러한 위대하고 무모한 도전이 다 소용없는 일이라고 누가 말할 수 있을까?

IV. 생명이 태어나다

사실은 사실로 봐야 한다.

What is, is.

어슐러 굿이너프 Ursula Goodenough

이로운 변형의 보존과 해로운 변형의 거부를 나는 자연 선택이라고 부른다.

This preservation of favourable variations and the rejection of injurious variations, I call Natural Selection.

찰스 다윈 Charles Darwin

A. 불덩이가 푸른 행성으로[52)]

지구는 태양을 돌던 돌덩이들이 뭉쳐지는 압력에다 테이아(Teia)와의 대충돌로 뜨거운 불덩이로 시작했다. 이 불덩이에서 어떻게 생명이 시작되었을까? 지구의 핵과 지각을 이루는 물질들이야 앞세대의 초신성 폭발로 만들어진 성간 매질에서 오는 것이라는 사실은 앞의 공부에서 이해할 수 있었는데 불바다로 시작한 지구에 어떻게 바다가 만들어졌을까? 이것이 나에게는 큰 질문 중의 하나였다. 사실 이것에 대한 답은 너무나 간단했다. 성간 매질은 대부분이 수소와 헬륨으로 이루어져 있고 초신성의 폭발로 만들어진 원소들(이것도 초기에는 가벼운 질소, 탄소, 산소, 황 등)을 아주 조금씩 포함하고 있다. 그런데 이것들이 뭉쳐서 소행성 내부에 가스 분자들을 이루게 되는데 이때까지는

---

52) Robert Hazen, "The Story of Earth", 2012. 빅뱅으로부터 지구생태계 조성까지를 설명한 게 짧지만 흥미로운 책이다.

온도가 매우 낮아서 고체상태의 얼음으로 존재한다. 이것이 행성으로 뭉쳐지는 과정에서 기체로 변하지만, 행성의 중력으로 갇혀서 대기를 이루게 된다. 원시지구나 테이아도 이런 상태였을 텐데 대충돌로 많은 양의 기체가 우주로 증발하여 날아갔을 것이다. 아마도 테이아의 대기는 원시지구(Proto Earth)와 충돌하는 과정에서 그나마 조금 남은 것도 대부분 지구에 빼앗기게 됐을 것이다. 이 이후에도 지구에 지속해서 많은 양의 소행성들의 충돌이 있었고 이때마다 지구에는 가스 분자들이 많아지고 지구가 식어가면서 표면에 액체 상태로 존재하기 시작했다. 이 액체의 대부분은 많은 양의 수소 덕분에 물 분자가 가장 큰 비중을 차지하게 됐고 이것이 고여서 만들어진 바다는 현재 지구 전체 부피의 0.02%밖에 안 되고 대기는 1ppm[53]도 채 안 되는데도 지구의 환경에 과거에서부터 현재를 거쳐 미래까지 이렇게도 큰 영향을 미치는 것이 오히려 놀랍기만 하다.

물 분자는 수소 원자 두 개와 산소 원자 한 개가 결합하여 만들어지는데 이때 이 원자들이 일직선으로 정렬이 되지 않고 수소 원자 두 개가 일정한 각도(104.5°)를 이루면서 결합을 하게 된다. 이 구조 때문에 물 분자는 전기적인 극성을 띠게 되어 물 분자가 서로 수소결합이라는 독특한 결합을 하게 한다. 이 특징은 고체상태(얼음)에서 단단해지는 성질이나 눈송이가 육각형의 꼴을 띠게 되는 원인이 된다. 또 물방울이 표면장력으로 뭉치는 현상도 일으키는데 이것은 모세관현상으로 수십 미터 높이의 나무 꼭대기에도 물이 공급되게도 하고 혈액이 가느다란 모세혈관을 통하여 머리끝에서 발끝까지 순환할 수

53) 1ppm = 백만분의 1

있게 한다. 다양한 물질이 물에 용해되는 특징도 이 구조에 기인하는 데 이 때문에 혈액이 영양분과 노폐물을 운반할 수 있게 된다.

지구가 태어나기 전부터 물이 있고 탄소가 있는 곳에서는 생명의 원료가 되는 당류, 아미노산, 지방산 등의 기본 화합물들이 만들어 졌다. 초기 지구에서는 성간 매질과 소행성들이 운반해온 재료들이 거친 화산활동으로 수많은 화합물로 변하게 됐고 다시 표면에 고인 물에 용해된 상태(Primordial Soup)가 나타났다. 여기서 탄소가 다른 원소와 공유결합을 이루면서 만들어지는 유기화합물이 나타나는 과정은 두 가지의 모델로 제시되고 있다. 그 하나는 대기에 있는 이런 기본적인 화합물들이 번개를 맞으면서 일어나는 화학반응으로 유기화합물을 형성하게 됐다는 것[54]인데 이것은 필자도 중학교 생물 시간에 배운 기억이 있다. 이 반응은 실험실에서 유사한 조건에서 여러 차례 재현되고 있어서 그럴 가능성이 보편적으로 받아들여지고 있다. 그런데 최근에는 심해화산의 용암 분출구 근처에 유기화합물이 많은 것으로 발견되면서 화산에서 분출되는 풍부한 광물질들이 주변의 고열에 의한 에너지를 받아서 바닷속의 기본 재료들과 새로운 화학반응을 일으켰다는 모델이 제기됐다. 특별한 실험을 하지 않고도 자연 상태로 유기화합물이 발견되고 있어서 이 모델이 더 매력이 있어 보인다. 이러한 환경에 머물러 있는 미생물들의 총량이 지상의 모든 동식물의 총량과 버금갈 정도로 많은 것으로 추정하는 연구결과들도 보고되고 있어서 이런 화학반응의 흔적을 화성의 땅속에서도 찾을 수 있겠다는 생각을 하고 무인 탐사선이 채굴한 표본을 지구로 회수

---

54) 스티븐 밀러가 1953년 Science 지에 실험 결과를 발표했다.

해 오는 계획도 진행 중인데 실현되기까지는 최소한 10년 이상 걸릴 것으로 예상한다. 현재 화성에서는 퍼서비어런스(Perseverance) 탐사차가 화성 표면에서 생명의 흔적을 발견할 만한 곳의 채굴 시편을 정해진 용기에 담아놓는 일이 진행되고 있어서 나중에 이것을 지구로 회수할 계획이 진행되고 있는데 회수를 위한 구체적인 일정은 지연되고 있다.

미생물과 그 재료가 되는 유기화합물들이 만들어진 다음에는 이것들이 어떤 과정으로 생명에 유용한 분자들로 만들어졌을까 하는 문제가 드러나는데 여기서 핵심은 복제의 가능성이다. 많은 시도와 시간이 소요됐겠지만 이런 분자 중에 지금의 아미노산과 효소들에 해당하는 것들이 만들어지고 이것이 다시 핵산과 RNA로 만드는 과정을 거치게 되면 자기 복제가 가능한 분자가 만들어지게 된다. 과학자들은 여기까지 걸린 시간이 대략 10억 년일 것으로 추정하고 있다. 이때 세포가 만들어졌는데 이 중에서 가장 중요한 것은 광합성을 하는 식물성 세포들이었을 것이다. 이 세포들의 활동으로 흙 속의 물과 공기 중의 이산화탄소가 햇빛을 받아서 식물의 여러 조직을 만들게 되는데 이때 부산물로 산소가 만들어지게 된다. 이것이 15억 년을 거치면서 그 이전에는 산소가 하나도 없던 대기에 지금과 같이 20% 정도의 산소가 갑자기(!) 생기는 바람에 우리가 살 수 있게 된 것이다.

감리교 목사의 딸이면서 이런 과정을 연구하는 한 생물학자[55]는 성장하면서 전통적인 신앙심은 버리게 되었지만, 자연의 관찰을

---

55) Ursula Goodenough, "The Sacred Depths of Nature", 1998

통해 더 깊이 감사하는 마음이 생겼다는 필자의 생각과 비슷한 고백을 하고 있어서 혼자만이 아니라는 위로를 느끼게 된다. 물론 전통적인 종교영역에서는 어떻게 그런 일이 우연히 일어날 수 있겠는가? 절대자의 지적설계가 없이 이런 일이 일어날 확률이 계산이나 될 수 있는가? 하는 식의 반문을 던지게 된다. 이에 대해서 과학자들은 여기까지 지구에서만 25억 년이 걸렸고 우주 전체로 봤을 때는 115억 년이 걸린 것인데 그사이에 일어난 일들이 모두 서로 인과관계로 연결돼 있어서 현재 관찰되는 모든 자연현상은 모두 필연으로 설명할 수 있다고 주장한다.

B. 자기 복제에서 유전자로

유기화합물 분자가 많아지면서 세포가 만들어지는 조건이 형성되었다. 세포의 일반적인 기능은 생존을 위한 에너지를 공급하는 것과 번식을 위해 자기 복제를 하는 것으로 나눌 수 있다. 이 기능들이 원활하게 진행되기 위해서는 직접 반응을 일으키는 분자들과 반응을 돕는 분자들이 필요했는데 이런 반응들이 주변으로부터 보호받는 상황에서 일어날 수 있도록 격리가 되고 생존에 유리한 분자들이 복제되어 개체 수가 증가하게 하는 일이 중요했다. 결국, 자기 복제 기능이 생기는 것이 핵심이었을 것이다.

이 기능을 맡는 분자를 우리는 유전자라고 부르는데 이것이 탄생하는 과정을 개략적으로 상상해 보자. 이미 다양한 유기화합물은 수많은 분자를 만들고 있었는데 초기에는 그 분자들 간에 특정한 방향성 없이 순전히 임의적(random)인 결합에 의한 우연적인 화합물들이 만들어졌다. 그런데 이 우연 속에서 동일한 분자가 만들어져서 그것이 서로 쉽게 결합할 수 있었을 가능성을 가정하면 다음에 또 같은 구조의 분자를 만나면 점차로 마치 수정이 자라듯이 다수의 동일한 분자들이 긴 고리를 형성하듯 결합을 이루게 될 수 있다. 이 고리들이 어떤 일로 끊어져서 둘로 나눠진 다음에 각기 다른 고리를 이루게 되면 고리의 개수가 증가하게 되어 점차로 같은 구조를 갖는 분자들이 다른 분자에 비하여 더 많아지게 된다. 나중에 동일한 분자끼리만 결합하는 것이 아니라 마치 자물쇠와 열쇠처럼 서로 상관이 있는 분자들이 결합하게 되면 숫자와 함께 가짓수도 늘어나게 되는데 이런 원시적인 복제 과정에서 오류가 나타난다고 가정해보자. 대부분 오류는 애초의 복제가 불가능해지는 방향으로 작용하여 더 이상의 복제가 멈추게 된다. 그런데 가끔은 복제에는 큰 영향을 주지 않는 오류도 발생하여 오류가 복제되기 시작한다. 이런 일이 반복적으로 일어나면 복제된 오류의 오류도 복제되어 점점 다양성이 많아지기 시작한다. 그렇다고 아직은 무슨 특별한 성질이 나타나는 것은 아니고 그저 개체 수와 다양성만 늘어나는 것이다.

이런 분자들을 복제자(replicator)라 부른다. 복제자는 그것의 수명, 번식력, 복제의 용이성에 따라 구분이 된다. 이 성질들이 복제자의 구조와 밀접한 관계를 맺으면서 그 성질들이 강화될 때 유전자가 만들어지는 길이 열리는 것으로 볼 수 있다. 더 나아가서 복제자들이 처해 있는 환경에 특정한 구조가 우세해지는 상황을 생각하면 그 구조에 해당하는 성질을 갖는 복제자가 생존할 확률이 높아지게 된다. 주어진 환경에 잘 적응하는 복제자의 성질이 선택된 것이다. 아직 남

클린턴 리처드 도킨스(Clinton Richard Dawkins), 영국의 동물행동학자, 진화생물학자, 대중과학 저술가. 옥스포드 교수로 재직하다 2009년 퇴임. 『만들어진 신』, 『이기적 유전자』 등 여러 분야의 대중과학서 집필. [Wiki]

아 있는 멀고 먼 길을 축약을 하면 핵산 분자들이 만들어져서 복제자의 구성요소가 되어 다양한 조합을 이루게 되고, 특정한 조합이 유용한 분자를 복제하게 되고, 그 조합이 코드로 남게 되어 RNA와 DNA가 담겨 있는 세포가 만들어지게 된다. 여기에 복제자가 단순 반복이 되는 애초의 무성생식이, 암수의 서로 다른(그러나 매우 비슷한) 복제자가 섞인 다음에 복제가 되는 유성생식이 일어나게 되자 다양성이 가히 폭발적으로 늘어나게 됐다.

　여기서 중요한 것은 복제자는 자신의 복제된 개체를 늘리기 위한 것을 포함한 어떤 의도도 없이 그저 환경에 따라 선택적으로 특정 복제자가 우세하게 되었다는 것이다. 다시 말해서 초기에 원시적인 복제자 구조에서 여기에 이르기까지의 모든 과정이 자연적으로 일어난 것이어서 중간에 누구의 의도가 개입할 여지도 없었고 이것을 두고 '한번 시작만 하면 되는 일이었다.(It only had to arise once)'고 도킨스는 말한다. 이것은 나중에 유전자가 세포 안에 담기게 됐을 때도 마찬가지인데 이렇게 보면 세포 번식의 주체는 세포가 구성하는 개체(인간을 포함)가 아니라 세포의 번식력과 적응력을 결정하는 유전자가 주체가 된다는 해석이 가능하다. 즉, 유전자는(아무런 의도도 없이) 세포나 개체의 번식에 관한 관심이 없이 유전자의 자기 복제가 많은 쪽으로만 작용하는 것이어서 세포나 개체는 유전자를 운반해주는 도구에 불과한 존재가 되는 것이다. 이래서 도킨스는 유전자를 이기적이라고 표현했다.[56]

---

56) Richard Dawkins, "The Selfish Gene", 1989

C. 게으른 유전자

인간을 포함한 많은 동물의 배아기 때 모습을 관찰하면 초기에는 너무 흡사하여 구분이 잘 안 된다. 유전자가 이기적일 뿐만 아니라 게으르기도 하기 때문이다. 아무런 의도도 없이 그때그때 상황에 유리한 방향으로 진화를 진행하다 보니 특정한 기능을 지향하여 진화하는 것이 불가능하다. 다윈의 자연선택에 의한 진화론은 기린이 높이 있는 나뭇잎을 따먹기 위해서 목이 길어졌다는 라마르크의 용불용설과 이 부분에서 근본적으로 갈린다. 그리고 위험성 있는 큰 변화를 일으켰다 자신이 사라질 수도 있으니(이 정도의 의인화는 이제 오해의 여지가 없을 것으로 여긴다.) 점진적인 변화를 지향한다. 가능하면 새로운 코드를 만들기보다는 전에 다른 용도로 썼던 코드를 반복해서 쓰는 경우도 많다.[57] 척추동물에서 척추를 만드는 코드가 반복적으로 쓰이면

---

57) Sean Carroll, "Endless Forms Most Beautiful", 2005

서 여러 마디의 척추가 만들어지기도 하지만 배아기의 체내 호르몬 농도에 따라 그 척추의 모양이 조금씩 달라질 수도 있고 사지가 만들어지는 차별화된 마디가 정해지기도 한다. 종간의 계통적 거리가 멀어 보이는 어류의 지느러미와 척추류의 손발 구조를 결정하는 유전자는 같은 것에서 출발하여 만들어진 것이다.

한편 유전자는 낭비를 아주 싫어한다. 새로운 구조를 만들기 위해서는 많은 에너지가 소모되므로 효용이 없는 구조는 바로 퇴화한다. 효용이 증명된 구조는 다른 기능으로 사용할 수 있으면 가능한 재사용을 한다. 조류의 체온관리를 위해 채택된 깃털이 공중을 나는 일에도 사용되는 것이 이것의 한 예이다. 점진적으로 변하다 보니 특별한 표징이 없이 유전자 안에 숨어있다가 나중에 환경에 따라 발현이 되는 예도 있다. 산업혁명 시절에 맨체스터 지방에서 애초 흰색이 주종이던 나방이 심한 대기오염을 겪으면서 보호색인 검은색 나방으로 주종이 변했던 것이 이 예가 될 것이다. 한편 유전자는 개체의 낭비가 적어지는 쪽으로도 진화를 유도한다. 수정란의 부화까지 신경을 쓰는 조류와 그렇지 않은 어류의 알의 크기와 수량을 생각해보라. 제한된 수의 수정란의 성공적인 부화가 중요한 암컷의 난자 크기가 크고, 자신의 유전자를 널리 퍼트리는 것이 중요한 수컷의 정자의 크기가 매우 작은 것도 이것에 기인한다. 수정란의 부화가 끝나고 육아에도 암수의 역할 공유가 필요한 경우 암컷이 믿을만한 수컷을 고르기 위한 까다로운 짝짓기 과정도 이것에서 유래한다.

다윈의 "종의 기원"[58]을 읽어보면 구체적으로 이런 내용이 하

---

58) Charles Darwin, "The Origin of Species", 1859

나도 나오지 않는다. 심지어는 생물학자가 쓴 과학서적이라기보다는 축산업자가 쓴 육종지침서를 읽고 있는 느낌이 들 정도다. 그것은 다윈은 유전자라는 개념 자체를 알지 못했기 때문이다. 동시대에 활동하던 멘델이 있었는데도 그에 대하여 전혀 알지 못하여[59] 자신의 이론을 더 분석적으로 펼치지 못하고 총론적으로만 이해하였던 것 같다. 다윈의 천재성은 유전자라는 개념을 도입하지 않고도 진화가 '자연에 의한 선택'에 의해서 진행된다는 것을 깨달았다는 것에 있다. 다윈은 이것을 "종의 기원" 결론 부분에서 '더 복잡한 기관과 본능은 인간의 이성보다 우월하지 않은 수단으로 개별 주체에게 도움이 되는 수없이 많은 작은 변화들이 쌓여서 완성되어갔다.[60]라고 했다. 절대자의 개입이 동반되지 않은 작은 변화라는 개념은 당시 일반인들의 신앙으로는 생각하기 쉽지 않았던 것이어서 다윈은 자신을 무신론자라고 하지는 않고 불가지론자(agnostic)로 소개했다. 아마도 사실은 자신의 연구로 무신론적인 입장에 가까워졌는데 당시 사회적인 인식과 특히 독실한 기독교인인 부인의 체면을 고려한 전형적 영국 신사의 점잖은 표현으로 여겨진다.[61] 이런 생각 때문에 다윈은 거의 완성된 자신의 진화론 연구결과의 출판을 미루고 있었다. 그런데 앨프리드 러셀 월리스(Alfred Russel Wallace)라는 생물학자가 자신에게 자문을 구

---

59) 멘델은 다윈과 그의 저서들에 대해서 잘 알고 있었으나 진화론에 동의하지는 않았다고 한다.

60) The more complex organs and instincts have been perfected ⋯⋯ not by means superior to human reason, but by the accumulation of innumerable slight variations, each good for the individual possessor.

61) Janet Browne, "Charles Darwin, Voyaging", 1995, "Charles Darwin, The Power of Place", 2002

하고자 보낸 글이 자신의 진화론과 거의 동일한 내용이라는 것을 알고 출판을 서두르게 되었고 그렇게 나온 것이 "종의 기원"이다. 놀랍게도 이 과정에서 월리스는 평소 존경하던 선배학자의 결례를 눈감아 줬으니 당시의 영국 사회를 '신사적'인 것으로 표현하는 것은 너무나 당연한 것 같다.

D. 진화론에 대한 오해

요즘에는 진화론[62]의 진위에 대한 의문보다는 진화론을 믿는다는 사람 중에서 진화론을 잘못 알고 있는 것이 더 오해를 일으키는 경우가 있다. 어떤 의미에서는 진화론에 대한 이런 오해들이 진화론을 믿지 않는 사람들의 설명과 유사한 측면도 있어서 그 진화론에 대한 의심을 키우는 일도 있는 것 같다. 그중 몇 가지만 소개하고 고쳐 보려고 한다.[63]

1. 원숭이가 진화해서 인간이 태어났다.
유명한 원숭이 재판[64]에서, 학교에서 진화론을 가르치는 것에

---

62) 자연선택에 의한 진화론이 더 올바른 표현이겠으나 편의상 진화론으로 줄인다.
63) Richard Dawkins, "The Ancestor's Tale", 2004
64) 공식으로는 스콥스 재판(Scopes Trial)으로 불린다.

생명의 나무를 표현한 예 [https://www.heritagedoncaster.org.uk]

반대하는 입장의 원고 측은 진화론은 인류가 원숭이로부터 나온다는 거짓을 가르친다는 틀린 주장을 했다. 이 주장에 오류가 있다는 것 자체보다는 진화론을 오랫동안 알고 있던 사람들이 이와 비슷한 이야기를 하는 것이 더 큰 문제가 된다. 앞에서 진화는 점진적으로 일어난다는 다윈의 주장을 언급했는데 진화에서는 어느 종이 갑자기 다른 종으로 바뀌는 그런 순간적인 변화는 없다. 단지, 돌연변이에 의하여 조금 다른(대부분은 밖으로 잘 보이지 않는) 변화가 일어나서 기존의 종과 섞여 살면서 정상적인 번식을 하다가 축적된 변화가 기능적으로 다른 적응이 가능해질 때 별도의 종이 보이게 되는 것이다. 이렇게 나뉜 종은 조상이 같을 뿐이다. 이것이 '공동의 조상(common ancestor)'이라는 개념인데 이것으로 위의 원고측 문장을 다시 고쳐 쓰면 '인류와 원숭이는 공동의 조상으로부터 갈라졌다.'가 되는 것이다. 좀 더 과학적으로는 침팬지와 보노보 침팬지는 조상이 같고 이들과 인류가 조상이 같고 또 이들과 고릴라의 조상이 같고 또 이들과 오랑우탄의 조상이 같고 …… 이렇게 생명의 기원으로 이어지게 되는 것이다.

이런 식으로 종의 계통을 체계적으로 정리하여 그려보면 시초의 단세포 생명으로부터 시작하여 줄기와 가지가 무성한 나무와 같은 그림이 그려지게 되어 이것을 '생명의 나무(Tree-of-life)'로 부르기도 한다. 과거에는 이것을 웹상에서 지속해서 유지하는 비영리단체가 있어서 상당히 많은 자료를 찾아볼 수 있었는데 얼마 전부터 재정지원의 어려움으로 활동이 멈춰지고 단편적인 이미지만 겨우 찾아볼 수 있는 정도다.[65]

2. 만물의 영장인 인간이 가장 고등한 동물이다.

생명의 나무를 살펴보면 인류가 가지의 끝에 보여서 '만물의 영장'인 인류가 가장 고등동물인 것으로 착각을 일으키기 쉽다. 그런데 다른 줄기의 가지들에는 앞에 언급한 영장류만 아니라 우리에게 익

---

65) Tolweb.org

숙한 소, 말, 개, 고양이는 물론이고 각종 곤충도 있고 나무나 꽃 같은 식물에다 곰팡이와 박테리아까지 나온다. 현재의 지구 생태계 내에서 우리와 공존하고 있는 모든 종은 생명의 나무를 이용하여 조상을 추적해 가면 모두가 동일한 시초의 단세포 생명에 이르게 된다. 또 현재의 모든 종은 거기까지 진화하는데 걸린 시간이 모두 똑같은 것이고 모두가 각자의 환경에 최적의 적응을 한 생명인 것이다. 생명의 나무의 각 줄기 끝에 보이는 생명 간에는 어떤 것이 고등이고 어떤 것이 하등인가를 따질 근거가 하나도 없이, 공유하고 있는 생태계의 동급생이고 동지인 것이다. 고등과 하등의 구분을 한다면 그것은 순전히 인류를 중심에 놓은 주관적인 해석에 지나지 않는 것이다. 굳이 불교에서 이야기하는 윤회설이나 살생유택이라는 생각을 거론할 필요도 없이 모든 생명을 귀하게 여기고 우리가 공유하는 지구환경을 보호해야 하는 이유를 여기서도 찾을 필요가 있다.

V. Pangea에서 태백산맥까지

실제 지질학에 대한 지식이 매우
부족해서 저는 그것이 다루는
모든 더 넓은 문제에 매우 관심이
있습니다.
**Very scanty acquaintance with practical
geology, I'm exceedingly interested in all
wider problems with which it deals.**
앨프리드 월리스 Alfred Wallace

A. 방랑하는 대륙

다윈은 생물학자이기 전에 지질학자(geologist)였다. 아버지가 원했던 의학 공부보다는 암석과 화석의 수집을 위한 현장 탐사에 훨씬 관심이 많았다. 에든버러에서 케임브리지로 학교를 옮겼지만 여기서도 화석과 곤충 수집 등에 더 열심을 보이면서 지질학에 대한 해박한 지식을 습득한 것이 비글호(HMS Beagle)의 원정대에 발탁되게 된 동기가 되었다. 이 원정에서도 처음에는 지질학에 대한 관심이 많았는데 가는 지역마다 지질학적인 특색과 그곳에서 발견되는 새로운 종들의 관계를 생각하기 시작한 것이 후에 '자연선택에 의한 진화'라는 개념을 생각하게 하였다. 다윈과 비슷한 시기에 자연선택을 발견한 월리스도 다양한 종들에 지질학적 속성이 미치는 효과에 대해 생각했다. 나중에 밝혀진 사실이지만 백만 년 단위의 시간 축에서 대륙에 일어나는 변화가 종의 다양화에 결정적인 영향을 미쳤다.

현대의 판구조론(Plate Tectonics)은 독일의 지질학자인 알프레드 베게너(Alfred Wegener)가 20세기 초에 발표한 이론을 발판으로 만들어졌다. 베게너는 아프리카의 적도 부근에는 빙하의 흔적이 있는가 하면 노르웨이의 북쪽에 있는 스피츠베르겐에는 열대식물의 화석이 발견되는 것을 의아하게 생각하다 이 이론을 내게 되었다. 그는 이 이론을 내면서 현대의 모든 대륙이 한때는 하나로 뭉쳐 있다가 지금과 같이 나뉘었다고 주장했으나 이를 뒷받침할 만한 충분한 증거는 제시하지 못했다. 그래서 베게너의 사망 시까지도 이 이론은 널리 받아들여지지 않았지만, 이 이론의 발표 이후로 꾸준히 많은 학자의 동조로 여러 가지의 현상적 증거들이 제시되었다. 예를 들어서 지상의 큰 산에서 보이는 습곡(folding) 현상이나 해저의 섭입(subduction)이나 확장(seafloor spreading) 등의 현상들이 일어남이 밝혀지면서 이 이론의 증거로 제시됐다. 고대의 화산활동으로 분출된 용암들에서 철 성분이 지닌 자성의 방향이 시대에 따라 서로 다른 방향으로 누워 있는 것도 이 이론의 증거로 제시됐으나 주류학계의 동의를 얻지 못하였다.

결국, 지구 핵의 구조가 밝혀지고 이미 1736년에 스위스의 기하학자 오일러(Euler)가 발표하였던 입체 면의 판의 이동에 대한 정리[66]를 접목해서 1960년대에 와서야 판구조론이 오늘의 자리를 차지하게 되었다. 즉, 지구 표면의 얇은 지각은 몇 개의 큰 대륙판과 작은 대륙판으로 구성돼 있는데 이것이 뜨거운 열로 대류 현상이 일어나는

---

66) Euler's rotation theorem. 구의 표면에서는 판의 이동은 회전을 수반하게 된다는 내용이 담겨 있음.

맨틀(mantle)에 얹혀 있어서 해저의 대륙판에서 한쪽에서는 섭입이 다른 쪽에서는 해저 확장이 일어나는 것으로 이해되고 있다.[67] 대륙판의 이동 속도는 1년에 수 센티미터 정도인 것으로 알려져서 지구 규모의 큰 변화(수백 ~ 수천km)가 나타나려면 최소 수천만 년 단위의 시간이 소요된다는 결론이 나온다. 우리가 아는 유명한 히말라야, 알프스, 안데스, 로키 등의 높은 산들은 이런 대륙판 이동에 의한 습곡 작용으로 만들어진 것들이다. 이런 곳에서는 반드시 한쪽에서 대륙판의 섭입이 일어나고 있을 터여서 남북미 서해안, 이탈리아, 일본 동해안, 인도네시아 부근에서 일어나는 큰 지진은 이것에 의해서 일어나는 현상으로 이해되고 있다.

이렇게 큰 규모의 지각 운동은 지구 표면의 많은 굴곡을 초래할 뿐 아니라 그 과정에서 어마어마한 양의 천연자원을 만들어낸다. 석유와 천연가스는 따뜻한 바다에 떠다니던 조류(algae)와 플랑크톤들의 시체가 해저에 가라앉아 쌓이는 것으로 시작이 된다. 이때 바닥에 물의 흐름이 강하거나 용존 산소의 농도가 높으면 그 퇴적물들은 산화 과정으로 분해되어 없어지지만, 산소의 농도가 낮으면 탄화가 일어나기 시작하여 석유의 원료가 만들어진다. 이 위에 퇴적물이 지속해서 층층이 쌓여 탄화물이 큰 압력을 받으면 이때 발생하는 고열로 오랜 시간에 걸쳐서 석유와 천연가스가 만들어지게 된다. 석탄은 석유와는 달리 늪지에 자라는 무성한 나무숲이 원료가 된다. 이 식물들이 죽어서 산소의 농도가 낮은 늪지에 묻혀서 위에 층층이 쌓이는 침전물의 압력과 고열로 탄화되는 것은 석유와 유사하다.

67) Ron Redfern, "Origins, The Evolution of Continents, Oceans and Life", 2001

여기서 중요한 것은 이런 화석연료의 원료가 되는 조류와 플랑크톤이나 무성한 나무숲이 있으려면 그 위치가 적도 근처의 따뜻하고 바닥이 사방으로 상당히 넓은 범위로 비교적 평평하고 지질학적으로 안정된 곳이어야 한다는 것이다. 그래야 일차로 많은 양의 탄소화합물이 만들어지는 조건이 만족하고 그것이 쌓인 퇴적층이 오랜 시간 동안 심한 지각변동을 겪지 않으면서 상부에 많은 침전물의 적층이 이루어질 수 있다. 과격한 지각변동이 없이 땅이 가볍게(?) 솟아오르고 가라앉거나 해수면의 높이 변화에 따라 뭍이 됐다 해저가 됐다 하는 과정이 반복되는 지형이 높은 압력을 일으키는 적층에 유리했을 것이다. 적도와는 상당히 거리가 먼 알래스카나 북해 같은 곳에서 석유가 나는 것을 보면서 대륙판의 이동 규모를 간접적으로 가늠해 볼 수도 있다. 이렇게 한 때는 같이 붙어있다가 떨어져서 멀어지는 것이 생물의 진화에도 많은 영향을 주었다. 주로 오스트레일리아를 중심으로 서식하는 캥거루와 같은 유대류(marsupials)나 남미를 중심으로 서식하는 개미핥기 등의 동물들은 붙어있던 땅이 갈라지면서 고립되어 오랜 시간 진화를 하는 바람에 특이한 종이 나타난 것이다.

다윈의 시절에는 당시에 관찰되는 작은(?) 지각 운동보다 훨씬 큰 사건들(대지진, 대화산, 대홍수 등)이 오랜 과거에 돌발적으로 발생하여 지구의 지형을 결정했다고 하는 것이 지질학계의 지배적인 생각이었다. 이것에 반하여 작은 지각운동들이 일으키는 작은 변화들이 쌓여서 지구의 모습이 결정된다는 획기적인 이론을 당시 찰스 라이엘(Charles Lyell)이라는 지질학자가 제시하였다. 다윈은 라이엘이 쓴 "Principles of Geology"를 읽고 비글호 원정을 나서게 됐는데 가는 곳마다 이 이론을 뒷받침해주는 지질학적인 증거들(높은 절벽 위의 바다생물 화석 같은 예)의 자극으로 이쪽으로 생각을 굳히게 된다. 이 시각으로 원정지마다 발견되는 새로운 종들의 특징들을 바라보면서 고립되거나 멀리 떨어진 지역에서 같은 종으로 시작했을 종들이 각기 처한 환경에 적응하여 서로 다른 종으로 변이한 것이라는 생각을 하게 되었다. 이것이 그의 자연선택에 의한 진화론의 시작이 되었다.

산이 만들어지는 것은 습곡작용으로만 만들어지는 것은 아니다. 습곡작용으로 만들어진 지형에 단층작용이나 침식작용으로 변형이 일어나고 다시 여기에 습곡작용이 일어나서 복잡한 변형이 일어나기도 하는데 이것은 크게는 다 습곡작용의 일부로 간주할 수 있을 것 같다. 화산작용으로 산이 만들어지는 과정이 더 흥미롭다. 화산활동은 지구 핵의 뜨거운 마그마가 지각의 약한 부위를 따라 지상에 올라오는 현상을 말하는데 이것이 일어나는 방법은 크게 세 가지로 나눌 수 있다. 그 첫째는 해저 확장에 의한 것이다. 앞 장에서 지구의 생명의 기원을 설명하면서 심해화산을 언급했는데 이것이 바로 그것을 말한다. 대륙판이 갈라지면서 지각이 얇아지는 곳이 나타나면 이곳을 뚫고 용암이 솟는 것이다. 대부분은 심해에서 일어나고 있어서 뭍에서 사는 우리로서는 잘 모르고 살고 있는데 이 현상이 드물게 지표면에서 일어나는 곳이 있다. 화산활동이 활발한 아이슬란드와 킬리만자로산이 있는 대지구대(Great Rift Valley)가 대표적인 예다. 대륙판의 섭입이 일어나는 곳에서 발생하는 화산이 두 번째의 경우다. 섭입되는 대륙판은 그 위의 대륙판을 지구 속으로 끌고 들어가는 현상을 수반하게 되는데 이때 발생하는 고압에 의해 대륙판의 경계선 부근에서 화산이 발생하게 된다. 일본열도의 화산활동이 바로 여기에 해당한다. 마지막 세 번째 현상은 열점(hot spot)에 의한 화산이다. 이것은 지각 밑의 맨틀 중에서 특별히 주변보다 더 뜨거운 곳이 대륙판의 경계와 무관하게 그 위를 지나는 대륙판의 지각을 뚫고 용암이 분출되는 것을 말한다. 이런 화산은 폭발력이 매우 큰데 대륙판의 이동 방향에 따라 열(列)을 지으며 나타나기도 한다. 미국의 옐로스톤 국립공원의 옐로스톤 칼데라[68]와 하와이 열도[69]가 좋은 예이다. 하와이의 빅 아일랜드 동남쪽 바다에서는 지금도 새로운 화산섬이 만들어지고 있다고 한다. 아직은 해수면을 뚫고 나올 정도가 될지는 밝혀지지 않고 있는데 그렇게 되더라도 앞으로 수만 년 이상은 걸릴 것으로 예상하여서 당분간 하와이 여행계획을 세울 때 이것을 염두에 둘 필요는 없겠다.

---

68) 이 공원의 유명한 Old Faithful 간천에 가서 주위를 둘러보면 멀리 거대한 칼데라의 벽이 둘러있는 것이 보인다.

69) 이 열도의 빅 아일랜드의 Mauna Kea 산은 해저로부터 측정한 높이가 지구에서 가장 큰 산이다.

B. 물이 조각한 그랜드 캐니언

개인적으로는 국민학교 시절에 어린이 잡지의 자연란에 남아메리카 대륙과 아프리카의 대륙의 모양으로 보아서 이 두 대륙들이 한때 붙었다가 떨어진 것 같다는 이야기를 본 기억이 있고 고등학교 때는 내셔널 지오그래픽에 실린 비슷한 기사를 봤던 기억이 난다. 그런데 단순한 흥밋거리로만 넘기고 말았고 지질 시대와 암석의 이름을 외우는 것이 너무 싫어서 지학 과목은 가장 재미없는 것으로 생각했기 때문에 더 이상의 공부는 멈추게 되었다. 그런데 은퇴 직후에 그동안 하지 않았던 공부를 해보겠다는 생각이 계기가 되어 대학에서 쓰는 지질학 교과서[70]를 구해 보게 되었다. 물론 여전히 기억해야 할 이름이 많이 나오는 것은 싫었지만 이렇게 재미있는 공부를 왜 이제야 다시 하게 됐나 생각할 정도의 흥미를 느끼게 되었다. 문제는 시험을 위한

---

70) Stephen Marshak, "Essentials of Geology", 2009

수백만 년의 침식으로 이루어진 넓고 깊은 계곡에 흐르는 콜로라도 강은 오히려 초라해 보인다.

암기 위주의 교육이었나 아니면 신기한 자연현상의 원리를 이해하기
위한 공부였나의 차이였다.

지질학 공부를 위한 결정적인 계기는 그랜드 캐니언 여행이었
다. 직장 시절 출장으로 미국 동부에서 서부로 가는 항공 노선에서 특
별한 경험을 한 적이 있다. 가본 사람들은 다 기억나겠지만 비행시간
만 대략 5시간 정도 걸리는 지루한 구간인데 센스 있는 조종사가 중
간쯤에서 모두 오른쪽 창문을 내다 보라는 안내 방송을 하면서 항공
기를 오른쪽으로 기울여 주는 바람에 상공에서 그랜드 캐니언의 장
관을 본 기억이 있다. 원래의 항로가 그것이었는지 아니면 조종사가
의도적으로 그렇게 했는지는 알 수 없으나 그 이후 여러 번의 여행에
도 다시는 그 장면을 보지 못했다. 그 그랜드 캐니언 여행을 몇 차례

나 마음만 먹었다가 마침내 애리조나주 피닉스에서 그랜드 캐니언과 모뉴멘트 밸리를 거쳐 아치스 국립공원까지 들리는 여행계획을 세웠다. 이 일정만 약 일주일 걸려서 1,000마일 정도를 운전하는 먼 여정을 잡아 놓고 뜻있는 여행을 만들 생각으로 이 지역의 지형을 만든 지각변동에 관한 책들을 보기 시작한 것이 본격적인 지질학 공부의 시작이었다. 위의 교과서 공부에 관한 내용은 오히려 이 공부에서 알게 된 현상의 원리를 확인하기 위한 사후의 공부였다.

그랜드 캐니언의 기원에 대해서는 조금 자세하게 다루고자 한다. 워낙 규모가 크고 오래된 지각 구조까지 한 곳에서 볼 수 있어서 지각변동에 의한 지각의 구조관찰이 쉬운 데다 관광객이 많이 찾는 곳이어서 이에 대해 쉽게 설명한 자료들이 많기 때문이다.[71]

그랜드 캐니언의 시작은 최소 17.5억 년 전으로 거슬러 올라간다. 앞에서 지구의 나이를 45억 년이라고 했으므로 비록 숫자는 크고 앞에서 오래전이라는 말을 하긴 했어도 비교적 젊다고도 할 수 있다. 이 시기에 이 지역(나중에 콜로라도 고원이라는 이름으로 불리게 됨)은 얕은 바다였다. 이 당시 이 지역의 남쪽으로부터는[72] 지금의 인도네시아의 해안에서와 같은 화산섬들이 밀고 올라와서 충돌이 일어났다. 이 충돌로 여러 겹의 습곡이 일어나서 지각 깊이에는 단단한 편암(schist) 층이 형성됐다. 그랜드 캐니언의 깊은 바닥에 가면 융기된 구조에서 이 층의 단면이 보이는 곳들이 있다. 이 이후에 지금의 북미, 서아

71) Ron Blakey and Wayne Ranney, "Ancient Landscapes of the Colorado Plateau", 2008
72) 설명에 이용하는 방위 개념은 편의를 위하여 현재 지도상의 방위를 그대로 사용한다.

프리카, 시베리아, 남중국, 인도반도, 남극대륙, 호주대륙 등이 초대륙 (Rodinia[73]로 불림)으로 뭉쳤다가 다시 해체되는데 과정에서 이 지역 은 해수면 위로 융기됐다 해수면까지 침식이 됐다 하는 과정이 반복 되어 Grand Canyon Supergroup이라는 적층된 암반 구조가 만들어 졌다. 이 암반층은 대략 12억 년과 7.4억 년 사이에 만들어졌고 그 깊 이는 3,700m에 달하는 것으로 알려져 있는데 지금 그랜드 캐니언에 서 보이는 절벽은 이 중의 1/3 정도까지 밖에 보이지 않는다.

로디니아의 해체는 호주대륙과 남극대륙과 남중국이 떨어져 나가는 것으로 시작이 되었는데 이때부터 콜로라도 고원은 다시 얕 은 바다가 됐다 해수면 위로 올라왔다 하는 일이 여러 번 반복되었 다. 이 과정은 5.2억 년 전에서 3.2억 년 전까지 일어났다고 이야기되 는데 지질학적으로는 비교적 과격하지 않고 고요했던 시기로 여겨진 다. 이때부터 다시 판지어(Pangea)라는 초대륙으로 뭉쳤다가 2.5억 년 전부터는 북미대륙에서 아프리카대륙과 남미대륙이 떨어져 나가는 일이 발생했다. 미국 동부의 애팔래치아(Appalachia) 산맥은 이 사이에 만들어진 것이다. 또한, 북미의 서쪽에서는 해저의 대륙판 섭입이 일 어나기 시작하여 원시 로키산맥이 나타나기 시작한다. 이리하여 북 미의 동쪽과 서쪽이 산맥으로 막힌 지형이 나타나는데 이 과정에서 지각의 하부에 축적된 열이 발산되어 해수면이 높아지게 됐다. 그 바 람에 북미대륙의 가운데는 다시 큰 내해를 이루게 되어 콜로라도 고 원도 다시 해수면 아래로 잠기게 됐다. 대략 1.5억 년 전에서 5천만

---

73) Pangea보다 이른 시기의 초대륙이다. 이 사이에 Gondwana라는 초대륙도 있었던 것으로 얘기되고 있다.

년 전까지 일어난 일이다.

그랜드 캐니언이 정확히 언제 생기기 시작했는지는 분명하지 않다. 위에 설명한 이러한 복잡한 지각 운동과 나란히 강물의 침식작용으로 드러난 것이 바로 지금의 그랜드 캐니언이다.[74] 절벽의 단면을 분석하여 지금으로부터 5백만년에서 6백만년 전부터 만들어지기 시작한 것으로 추정하고 있다. 콜로라도 고원의 경사는 크게는 북동에서 남서로 기울어져 있다. 따라서, 덴버 서쪽의 록키산맥에서 서쪽으로 흐르기 시작한 물은 계속 낮은 곳을 찾아서 멕시코의 바하 칼리포르니아(Baja California) 옆에 있는 칼리포르니아만(Golfo de California)까지 흘러가는 콜로라도 강이 됐다.

그랜드 캐니언에 가보면 그 규모에 놀라면서도 계곡 바닥에 흐르는 강이 작은 것에 놀라기도 한다. 필자도 계곡의 깊이는 앞의 설명으로 이해한다 치더라도 저 작은 강이 이렇게 넓은 계곡을 만들 수 있을까 하는 의문이 떠올랐던 기억이 난다. 혹 주기적으로 대홍수가 나서 그렇게 됐을 수도 있겠다는 짐작을 해버리고 말았는데 현장에서 자세히 알아낸 사실은 계곡의 양쪽 절벽에서 비, 바람, 얼음 등에 의해 침식된 침전물들이 떨어져서 강물에 쓸려갔다는 것이다. 물은 중력에 때라 낮은 곳을 찾아가는 흐름을 만들게 되는데 침전물의 흐름도 수반하여 침식작용을 일으키게 된다. 홍수가 났을 때의 동영상을 보면 물과 많은 양의 침전물이 같이 흘러가면서 침전물에 의한 침식으로 큰 피해가 발생하는 것을 볼 수 있다. 그랜드 캐니언도 이와

---

74) W. Kenneth Hamblin, "Anatomy of the Grand Canyon, Panoramas of the Canyon's Geology", 2007

같은 방법으로 1.6km에 달하는 깊이로 계곡이 만들어진 것이다. 이렇게 흘러가는 침전물들이 계곡의 침식작용을 가속했을 것은 금방 짐작할 수 있다. 추가로 침식을 가속하는 현상이 있었는데 이것은 지반의 융기 현상이었다. 앞에서 콜로라도 고원의 융기 현상이 반복적으로 일어났다고 했는데 이럴 때마다 강물에 작용하는 중력으로 유속이 빨라지는 것이 침식의 가속 조건으로 작용했다.

그랜드 캐니언의 침식에 대한 관람 포인트가 하나 더 있다. 관광객이 많이 찾는 그랜드 캐니언 빌리지 근처에서는 대략 동서의 방향으로 계곡이 형성돼 있어서 한쪽은 남벽(South Rim)이라고 하고 다른 쪽은 북벽(North Rim)이라고 한다. 그런데 앞에서도 언급했듯이 콜로라도 고원은 북벽 쪽이 남벽 쪽보다 더 높아지는 경사가 이루어져 있으므로 이쪽 절벽으로 물이 더 많이 떨어지게 돼 있다. 자연히 이쪽이 침식작용이 더 활발하여 북벽의 경사가 더 완만하다. 그랜드 캐니언을 상공에서 촬영한 사진을 보면 북벽으로 흘러들어오는 지류들이 더 많이 보이고 절벽의 폭도 남벽의 폭보다 더 넓은 것이 한눈에 보인다. 일반적인 관광객들은 피닉스에서 들어가는 것이 더 편하고 그랜드 캐니언 빌리지가 있어서 남벽으로 많이 가는데 여기서는 완만한 경사의 북벽을 보게 되지만 라스베이거스에서 조금 멀리 돌아가야 하는 북벽에서는 상대적으로 급격한 경사의 남벽을 볼 수 있다는 차이가 있다. 물론 계곡이 굽어진 곳에서는 양쪽 절벽을 동시에 볼 수 있으니 구태여 어려운 걸음을 할 필요가 없다고 할 수도 있다.

남벽 관광의 이점으로는 모뉴멘트 밸리(Monument Valley)와 아치스 국립공원(Arches National Park)도 들러보는 여정을 짤 수 있다는

모뉴멘트 밸리는 침식의 거의 마지막 단계에 다다라서 양각을 새긴 것과 같은 아슬아슬한 조각을 남기고 있다.

점이 있다. 물론 북벽 쪽에는 브라이스 캐니언(Bryce Canyon)이나 다이노소어 공원(Dinosaur National Monument)을 포함한 오히려 더 많은 구경거리가 있기는 하다. 근처에 이렇게 많은 지질학 관련 관광지가 많은 것은 이곳이 다 콜로라도 고원 지역에 속하여 같은 지각변동과 침식작용이 일어났는데 주변의 지질학적 환경과 침식 기간 등의 차이로 다양한 지형이 나타났기 때문이다.[75] 모뉴멘트 밸리는 국립공원이 아니라 나바호(Navajo) 아메리카 원주민들의 보호구역 안에 있는 것이 다른 곳과 다르다. 그래서 개발이 아주 제한되어 내부의 도로들이 아직 비포장으로 돼 있다. 필자와 같이 한가한 관광객에게는 오히

75) Mark Chronic & Lucy Chronic, "Pages of Stone, Geology of the Grand Canyon & Plateau Country National Parks & Monuments", 2004

아치스 국립공원의 이 아치는 수년 전에도 꽤 큰 바위덩어리가 떨어져 나갔다고 하는데 밑에서 보기만 해도 아슬아슬하다.

려 원시적인 풍미를 만끽할 수 있다는 인상을 받았다. 이런 점 때문에 예전의 존 포드(John Ford) 감독을 비롯하여 많은 감독이 영화 촬영을 많이 하는 곳이다. 이곳은 적층된 암반층의 침식이 거의 끝나서 뷰트(butte)라는 가파른 돌 언덕만 남아 있는 곳이다. 꼭대기가 상당히 넓은 것도 있지만 뾰족한 탑의 모양을 한 것도 있다. 한편 아치스 공원은 비슷한 지질 구조에서 둥글게 융기된 암반층에서 더 약한 부분이 바람으로 침식이 되어 무지개와 같은 아치들이 남아 있는 곳이다. 이곳은 지금도 침식이 계속 진행되고 있어서 가끔 그 아치들이 조금씩 떨어져 나가면서 일부가 손상됐다는 소식도 들려오곤 한다.

C. 지구의 지형이 만드는 기상

지구의 지형과 기상은 상당히 복잡하고 깊은 관계를 갖는다. 지구의 표면에는 바다와 대기라는 두 가지의 서로 다른 유체가 존재한다. 이 유체들은 지구의 자전에 의한 전향력(Coriolis Effect)[76]의 영향을 받는데 위도가 낮아질수록 이것이 커진다. 한편 태양 빛은 투명한 대기를 거의 그대로 통과하여 지구 표면에 이르러 에너지를 전달하는데 바다보다는 비열이 낮은 지각에 더 많은 온도 변화를 일으킨다. 물론 위도와 계절에 따른 경사각의 차이뿐만 아니라 표면의 반사도 등의 요인으로 특정 위치에 전달되는 에너지는 상당한 차이가 난다. 이런 크고 작은 요인들에 의한 온도 차이는 바다와 대기에 각기 다른 대류 현상을 일으켜서 해류(ocean currents)와 바람의 큰 틀을 잡아준다. 이 것들이 지형을 만나면서 상당히 복잡한 상호작용을 일으키게 되는데

---

76) 치마폭이 넓은 무용수가 회전할 때 치마폭이 펼쳐지며 올라가는 것을 상상하라.

2차원 평면에서 일어나는 것이 아니라 높이를 갖는 대기층과 깊이를 갖는 바다가 입체적인 굴곡을 가지고 있는 지형을 만나서 일어나는 입체적인 변화는 더 복잡해질 수밖에 없다. 이것을 현대의 기상학자들은 3차원 공간에서 수치 해석적인 시뮬레이션[77]으로 분석한다. 최첨단의 슈퍼컴퓨터로 가장 앞선 3차원의 기상 모델을 돌려도 기상예보가 틀리는 일이 잦은 것을 보면 이것이 얼마나 복잡한 것인가를 짐작할 수 있다.

바다의 해류(ocean current)는 표면에서는 주로 바람의 영향을 받고 깊은 바다에서는 주로 밀도와 온도 차에 의한 열염순환(Thermohaline circulation)의 영향을 받는다. 이렇게 발생한 해류는 특정한 지형을 만나서 해당 지역의 위도에 비해 상대적으로 춥거나 더운 기후를 초래하기도 한다. 멕시코만에서 시작한 따뜻한 멕시코 만류(Gulf Stream)가 미국 동해안을 지나 유럽에 이르면서 이 지역에 온화한 기후를 가져오는 것과 남아메리카의 서해안의 남쪽에서 북쪽으로 흐르는 차가운 훔볼트 해류(Humboldt Current)가 적도에 가까운 페루의 리마까지도 비교적 서늘하게 만드는 것들이 좋은 예이다.

대기는 해류보다는 지형의 영향을 덜 받아도 지구와 중요한 상호작용을 한다. 전향력에 의해 대기는 대체로 적도와 극 부근에서는 각각 무역풍과 극동풍이라 불리는 편동풍이, 중위도 부근에서는 편

---

77) 유체를 분석할 때 많이 쓰이는 방법으로 관찰되는 자연현상 전체의 해(解)를 구하는 것이 어려울 때 해를 구하는 영역을 한정해서 규칙적인 격자구조를 정해 놓고 한 격자점은 주변의 제한된 격자점의 영향을 받을 것으로 가정하여 모든 격자점에서 해를 반복적으로 구하는 방법이다. 이 계산을 여러 차례 반복하여 해가 근삿값을 취하게 될 때 그것을 해답으로 채용하게 된다.

서풍[78]이 분다. 이것과 대류작용이 합쳐져서 적도 지역에서는 바다의 수분을 품은 대기가 더워져서 상승하게 된다. 상승 중에 대기의 팽창이 일어나면 많은 비가 내려서 이곳에는 열대림이 조성된다. 그렇지만 수분을 잃은 건조한 대기가 북쪽으로(북반구 기준) 이동하여 북위 20~30° 지역에서 차가워져서 지표로 내려오면 비구름을 만들지 못할 뿐만 아니라 그곳의 수분을 더 빼앗기 때문에 이곳에는 넓은 사막이 만들어진다. 사하라, 아라비아반도, 남아프리카의 칼라하리, 호주 같은 곳의 사막이 여기에 속한다. 바다를 지나면서 많은 수분을 머금은 대기가 높은 산맥을 넘어가면서 이쪽에는 비를 많이 내리고 저쪽은 강수가 현저히 적어지는 예도 있는데 미국의 워싱턴주의 캐스케이드(Cascade)산맥이 좋은 예이다. 이 지방은 해안의 난류로 위도(북위 46~47°)보다 온화한 기후[79]에 산맥 동편에 건조한 기슭이 조성돼 있어서 포도재배에 적절한 조건이 만들어졌다. 이곳에서 나는 와인은 품질이 좋으면서 가격은 캘리포니아 와인보다 싸서 필자는 워싱턴주 와인을 즐기는 편이다.

이와 같은 기상과 지형과의 상호작용은 영원불변한 것이 아니다. 다양한 지질학적 증거[80]들은 지구에서 장기적인 기상 순환이 일어나고 있는 것을 보여주고 있다. 이 순환의 가장 장기적이고 근본적

---

78) 편의상 북반구 기준으로 설명을 했는데 남반구에서도 같은 현상으로 대칭적인 바람이 분다. 중위도 부근에서는 대륙과의 마찰이 적은 남반구에서 북반구보다 더 강한 편서풍이 분다.

79) Seattle과 Vancouver의 기후를 연상하면 된다.

80) 드러난 지층의 퇴적암의 성분을 분석(층서학, stratigraphy)하는 것으로부터 빙하에 깊은 구멍을 뚫어서 얼음층을 분석하기도 한다.

인 원인은 대륙판의 이동이다. 위에 짧게 설명한 기상 조건은 대륙판의 이동으로 1억 년 내지 10억 년 단위의 주기로 상당한 변화가 일어나는데 가장 두드러지는 것이 순환적인 빙하기(Ice Age)이다. 추운 극지방에 인접한 땅덩어리의 크기와[81] 대륙판의 위치에 따라 바뀌는 해류의 흐름 등은 지구의 기상에 변화를 가져오게 된다. 기상학자들에 의하면 지구의 평균 기온은 고작 평균 $10°C$ 이내의 크지 않은 변화에도 고위도 지방에서는 ~1억 년 동안의 강설이 녹지 않고 2km 이상의 두께로 쌓인 빙하가 형성될 수 있다고 한다. 이때 연쇄작용으로 여러 가지 현상들이 일어날 수 있는데 지표에 얼음이 쌓여 있는 면적이 넓어질수록 반사도가 높아져서 태양에너지의 흡수가 줄어들어 기온이 가속적으로 낮아지기도 하고 얼음의 무게로 지반이 가라앉는 일도 일어난다고 한다. 이런 변화로 일어나는 가장 중요한 현상은 해수면의 높이 변화이다. 빙하기의 절정에서는 빙하에 갇혀 있는 물이 많아져서 해수면이 낮아지고 반대로 지구가 따뜻해져서 빙하가 녹으면 해수면이 높아지는 것이 이 변화의 원인이다. 지질학적인 증거로는 빙하기에 의한 해수면의 높이 변화는 ~300m에 달하는 것으로 밝혀지고 있는데 현재는 빙하기의 절정을 지나서 온난화[82] 시기에 돌입해 있으므로 앞으로 극지방의 빙하가 다 녹으면 해수면이 지금보다 100m 이상 더 높아질 수 있는 것으로 추정하고 있다. 이런 일이 일어나면 우리나라뿐만 아니라 전 세계적으로 연안 지역에 분포

---

81) 남극대륙과 남미의 파타고니아 지방이 붙어있었던 가장 최근의 빙하기가 상대적으로 길었다는 주장도 있다.

82) 요즘 주 관심사인 '지구온난화'와는 별도의 자연적인 순환에 의한 것을 말한다.

하고 있는 대도시들에 큰 피해가 닥치게 될 것은 자명하다. 물론 이 정도의 변화는 최소한 수천만 년 이후에나 일어날 일이어서 큰 걱정을 할 필요는 없으나 장기적인 빙하기 안에도 만년에서 십만 년 단위로 빙하가 전진과 후퇴를 거듭하는 작은 빙하기가 빈번하였기 때문에 이로 인한 ~10m 단위의 해수면의 변화는 실질적인 염려거리가 되고 있다.

세르비아의 밀란코비치(Milutin Milankovitch)라는 지질학자는 지구의 공전궤도를 자세히 관찰하여 1920년에 작은 빙하기의 주기에 영향을 주는 세 가지의 요인을 찾아냈다. 그 첫째는 지구궤도의 이심률(eccentricity)이다. 지구의 궤도는 태양을 타원형의 궤도로 돌고 있는데 이 타원의 이심률(길쭉한 정도)이 대략 10만 년의 주기를 가지고 변하고 있다. 이심률이 높아질수록 지구와 태양의 평균 거리는 멀어지게 된다. 두 번째는 지구의 자전축의 경사다. 알다시피 지구의 자전축은 지구의 공전축과 23.5°의 경사를 이루고 있는데 이것도 41,000년의 주기를 가지고 22.5°에서 24.5°까지 변화하고 있다. 자전축이 많이 기울어질수록 극지방의 겨울이 길어질 것이다. 세 번째는 지구의 세차운동(precession)이다. 세차운동은 팽이가 돌 때 수직축을 중심으로 회전축이 회전하는 운동을 가리키는데 지구의 경우 이 운동의 주기는 23,000년이다. 밀란코비치는 이런 현상들을 조합하여 밀란코비치 주기(Milankovitch Cycles)를 계산해 냈는데 대략 만년 주기의 작은 주기들이 나타난다. 이 밖에도 태양의 활동성 등을 포함한 더 세세한 요인들도 밝혀지고 있는데 여기서는 생략한다.

이렇게 지구의 지각 운동과 공전궤도 상의 변화로 빙하는 전진과 후퇴를 거듭하고 있고 지구의 기온도 동반하여 변화하고 있다. 여기에 최근의 지구온난화와 관련한 논쟁의 쟁점이 놓여있다. 환경운동에 반대 입장을 취하는 기득권층에서는 우리가 지금 겪고 있는 지구온난화는 앞에서 말한 장단기의 빙하기 순환 일부에 지나지 않는 것이어서 화석연료를 태운 이산화탄소가 지구온난화의 주범이라고 하는 주장은 전통적인 에너지 산업을 규제하려는 환경주의자들의 음모라는 주장을 펴고 있어서 이 논쟁의 큰 쟁점이 되고 있다.[83] 이에 대하여 환경주의의 입장에서는 지구온난화에 대하여 상황적인 데이터는 많이 제공하면서도 인과관계를 결정적으로 입증할 수 있는 증거는 제시하지 못하고 있다. 그러나 최근 평균 기온이 과거에 보지 못한 증가율을 보인다는 사실과 역시 과거에 경험하지 않았던 기상이변이 연거푸 일어나고 있다는 사실을 제시하면서 위기 상황에 대한 경고를 전하고 있는 형편이다. '만일의 사태'에 대비한 각국의 협상은 진행되고 있지만 거의 구호성으로 끝날 뿐 실체적인 결실은 눈에 잘 보이지 않고 있다.

참고로, 필자는 지구온난화에 인류가 직접 기여하는 규모가 얼마나 클지 알 수는 없을지라도 한번 기울어지면 되돌리기가 쉽지 않고, 현재 나빠지고 있는 것은 확실하니 일단 조심하고 보자는 생각을 하고 있는데 이렇게 이야기하면 자칫 양 쪽에서 다 야단을 맞을지도 모르겠다.

걱정스러운 이야기는 그만하고 빙하가 남긴 흔적과 그 비경에

---

83) "쥐라기 공원"의 저자인 Michael Crichton도 이쪽 편이었다.

융프라우 봉우리 아래에서 바라본 라우테르브루넨 계곡. 빙하의 침식으로 인한 U자 형태가
선명하고 절벽에는 여러개의 폭포가 떨어져 장관을 이룬다.

대한 예찬으로 넘어간다. 빙하는 그 자체가 단단하여 물과는 달리 큰
바위도 품고 이동할 수 있다. 빙하가 녹은 지역에 그 지역과 직접적
인 상관이 없는 돌무더기가 조성되는 것이 이런 연유에 기인한다.[84]
수십 미터에서 수 킬로미터에 달하는 두꺼운 빙하가 큰 바위들을 잡
고 매년 ~50m의 속도로 이동을 하면 바닥이나 벽에 흠을 내는 정도
가 아니라 오랜 시간을 두고 'U'자 형의 깊은 계곡과 그 절벽에서 떨
어지는 웅장한 폭포를 만들고 계곡의 바닥에는 아름다운 호수도 만
들게 된다. 이런 곳을 보면 바로 이곳이 빙하의 침식으로 만들어졌다
는 것을 금방 알아차릴 수 있다. 필자는 이런 곳을 여러 곳 관광하는
행운을 누릴 수 있었다. 유명한 관광지 중에 대표적인 곳을 예로 들면

84) 바로 이 현상을 관찰한 과학자들이 빙하에 대한 개념을 수립하게 되었다.

노르웨이 게이랑게르(Geiranger) 근처에 있는 브릭스달 빙하. 다른 빙하와 마찬가지로
이 빙하도 지구온난화로 매년 산위쪽으로 후퇴하고 있다고 한다.

스위스 알프스의 융프라우 아래의 라우테르브루넨(Lauterbrunnen) 계
곡과 마테르호른이 있는 체르마트(Zermatt)의 계곡, 그 나라의 아름다
운 호수들, 미국 캘리포니아의 요세미티(Yosemite) 공원에 있는 하프
돔(Half Dome), 노르웨이의 피요르드(Fjord)들은 다 이런 곳에 속한다.
가장 최근까지 빙하 지역이었던 이곳들은 지형이 험하여 사람이 모
여 살기 힘들었는지 청정 자연이 아직도 유지되고 있는 곳이 대부분
이어서 이런 관점으로도 한적한 관광에 적합한 곳들이 많다. 다만 입
구에 조성된 관광 촌의 번잡함만 감수한다면 여러 가지로 자연을 만
끽할 수 있는 이점이 있어서 가능하면 오래 체류하는 일정을 짜는 편
이다.

D. 태백산맥은 어떻게 만들어졌나?

그랜드 캐니언과 같은 곳은 워낙 규모도 크고 지질학적으로 연구할 요소도 많아서 책자를 쉽게 찾아볼 수 있었으나 당시에는 한반도에 대한 자료는 찾기가 쉽지가 않았다. 다행히 요즘은 Google과 Youtube 에 한반도의 지질에 관한 자료들이 많이 올라와 있어서 이것들을 통하여 궁금증을 풀 수 있었다. 또 최근에는 Google 검색으로 "한반도 자연사 10대 사건"이라는 자료를 찾았는데 여태까지 봤던 어떤 자료보다 자세하고 이해하기도 쉬웠다. 아마도 고등학교 지학 선생님으로 여겨지는 임종옥이라는 분이 과학동아 2004년 4월호에 올린 글이다.

한반도는 유라시아 판이라는 대륙판의 가장자리 쪽에 자리 잡고 있다. 남서쪽으로는 중국의 남부로부터 북동쪽의 시베리아 연안까지 이어지는 넓은 지역에 연결되어 이 지역의 지각변동을 오랜 시간 동안 같이 받으면서 복잡한 암반 구조가 형성된 것으로 알려졌다. 유라시아 판은 대륙판의 이동에 따라 남반구로부터 적도를 지나 지금의 위치로 이동한 것으로 얘기되고 있는데 이 과정에서 한반도를 포함한 지역이 여러 번 해수면 아래로 가라앉아서 얕은 바다가 됐다가 육지가 됐다 하는 과정을 거친 것으로 밝혀지고 있다. 강원도에서 많은 화석이 발견되고 이 지역에서 석탄이 많이 나오는 것도 이것으로 설명이 된다. 유라시아 판이 이곳에 자리 잡은 이후로는 현재 일본 열도의 동쪽에서 태평양판과 충돌을 하게 되었는데 일본열도의 지진은 다 이 태평양판이 유라시아판 밑으로 섭입되면서 일어나는 것이다. 아마추어의 판단으로는 한반도의 주요한 지각변동도 거의 이 현상의 부속 현상으로 해석하는 것이 옳아 보인다.

이 과정에서 한반도에 일어난 일들을 대략 순서대로 정리하면 다음과 같다. 태평양판의 섭입으로 원래는 한반도의 동쪽에 붙어있던 원시 일본열도가 동쪽으로 이동하여 동해가 넓게 열리게 됐다. 한반도는 동쪽에 태백산맥이 있고 서쪽으로는 얕은 바다인 서해로, 동에서 서로 갈수록 낮아지는 동고서저의 지형을 띠고 있다. 이런 지형을 이루게 한 지각 운동을 경동성 요곡 운동이라고 하는데 이 운동의 원인을 동해에서 대서양에서와 같은 해저 확장과 같은 일이 일어난 것에서 찾는 이들도 있다. 울릉도와 독도와 같은 화산섬들의 존재에 근거한 주장인데 필자의 생각으로는 다소 억지스러움이 느껴진다. 그보다는 유라시아 판의 섭입이 다른 곳보다 더 빠른 속도로 일어나면서 같이 스며들어 간 바닷물이 다른 충돌 경계선보다 먼 곳에서 높은 압력을 일으키면서 화산활동을 일으킨 것이 백두산과 한라산의 기원이 됐다고 발표한 강원대 장성준 교수의 이론[85]이 더 설득력이 커 보인다. 한반도의 동쪽에 치우친 태백산맥의 융기도 같은 원인으로 일어난 것으로 추정해 볼 수도 있다. 한편, 위의 동해 해저 확장론에 따르면 확장에 따른 압력으로 동해안이 밀려 올라갔다는 설명이 가능하여 이 이론도 아예 무시할 것은 아닌 것 같다. 최근 경주 지방에 잦은 지진도 일본 지진의 충격 여파로 인한 단층작용에 의한 것이라고 하니 한반도는 결국 유라시아 판과 태평양 판의 충돌 여파에 그 운명이 달려 있다고 말 할 수 있다. 서해는 특별한 지각운동에 의한 것이라기 보다는 낮은 땅이 해수면의 변동에 따라 비교적 최근인 15,000년 전에 바다가 된 것으로 해석하는 것이 중론인 것 같다.

일본에는 1973년에 "일본침몰"이라는 소설이 나와서 인기를 끌었는데 그 이후 라디오 드라마, 만화 등으로 만들어졌다가 2020년에는 영화로도 만들어졌다. 아직 직접 접해보지 않아서 자세한 내용은 잘 모르는데 우리나라의 일부 민족주의적인 보수층에서 꼴보기 싫은 일본이 사라진다는 사실에 흥분하여 마치 이런 일이 곧 일어났으면 하는 말을 하는 것을 종종 들을 수 있었다. 그런데 이런 사람들은 이런 일이 진행되면 결국 한반도 땅도 같은 처지에 놓일 수밖에 없음은 아예 생각도 하지 않은 무지에서 나온 착오를 범하는 것이다.

---

85) 사이언스 타임즈 2021년 3월 22일, "백두산과 한라산 기원 규명"

VI. 세포가 페일리의 시계공이었다

평형에서 멀어지면 살아남고
평형에 가까워지면 효율성이 증가한다.
By staying away from equilibrium we stay alive.
By staying close to equilibrium we increase efficiency.
피터 호프만 Peter Hoffmann

모든 감정은 생물학적이자 본질적인데
그 중에서 인간에게만 고유한 것은 하나도 없다.
All emotions are both biological and essential……
and none are uniquely human.
프란스 드 발 Frans de Waal

A. 세포의 정밀공학

페일리가 찾던 시계공이 사실은 가까이 있었다. 지구에 생명이 탄생하여 진화과정으로 복잡한 구조를 갖는 다양한 개체들이 만들어지는 것은 설명할 수 있다고 하더라도 도대체 하나의 수정란(유성생식의 경우)이 어떤 과정으로 이렇게도 복잡한 구조를 갖는 성체로 발달하게 되는가에 대한 궁금증이 생기게 된다. 분자생물학과 진화 발생생물학[87]이 바로 이런 것들을 연구하는 분야다. 워낙 미세한 구조를 다루는 분야이어서 전자현미경의 사용이 필수적인데 필자도 반도체 분야 근무 중에 주사전자현미경(Scanning electron microscope, SEM)[88]과 투과전자현미경(Transmission electron microscope, TEM)[89]과 이 도구들을 잘

---

87) Evolutionary development biology, 줄여서 Evo-devo라고도 한다.
88) 표면의 미세 구조를 분석하는 일에 사용한다.
89) 얇은 시편의 구조를 분석하는 일에 사용한다.

다루는 엔지니어가 집적회로의 구조분석에 얼마나 유용한지를 직접 경험했다. 여기에 집 속이온 빔(focused ion beam, FIB)[90]기술을 접목하여 불량분석에 집중적으로 사용하여 시행착오를 상당히 줄일 수도 있었다. 분자 단위의 생물학을 연구하는 분야에서는 이런 전자현미경 기술에다 컴퓨터 공학의 영상처리기술과 시뮬레이션기술을 사용하여 아주 간단한 화학식이나 2차원적인 해석밖에는 하지 못하던 것을 아주 복잡한 분자 구조의 3차원적인 해석도 할 수 있게 되었다.[91]

중학교 생물 시간에 현미경으로 세포를 관찰한 기억이 있다. 성능이 대단치 않은 현미경이어서 무언가 희뿌연 물질이 세포막에 둘러싸여 있는 모습을 본 것이 고작이었다. 충분한 사전 지식 없이 한 관찰이어서 세포핵을 찾아내지도 못했던 것 같다. 그때의 기억이 선입견으로 작용해서 그런지 세포에 대한 필자의 직감은 그 당시의 수준에 머물러 있었다고 해도 과언이 아니다. 그 이후 추가로 알게 된 지식으로는 세포핵 내부에 DNA가 있고 이 DNA가 일으키는 세포분열과 복제를 수행하기 위한 각종 단백질과 RNA 등이 있다는 것을 겨우 아는 정도였다. 그런데 그동안 공부의 결과로 다시 알게 된 것은 세포핵 바깥에도 세포 내의 많은 기능을 수행하는 중요한 조직들이 가득 차 있다는 것이다. 세포 내에는 여러 개의 세포소기관(organelle)이 있는데 세포의 생존에 필요한 에너지 공급이라던가 세포 내에서 필요로 하는 분자들을 합성하고 통제하는 등의 기능들을 수행하고 있다. 세포는 세포막으로 둘러싸여 있고 세포핵은 핵막으로 세포의

---

90) 시편을 미세하게 가공하는 일에 사용한다.

91) David Goodsell, "The Machinery of Life", 2010

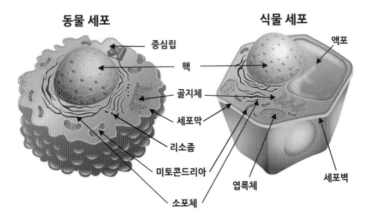

세포소기관 [교육부 공식 블로그 if-tistory.blog.com]

다른 부분과 분리되어 있는데 이런 막은 막으로 싸인 부분을 물리적으로 보호하기 위한 것 만이 아니라 필요한 물질만 선택해서 통과시켜주는 중요한 기능까지 맡는다. 크기로는 대개 수 μm[92]에 지나지 않는 작은 세포들이 사실은 매우 복잡한 화학 공장과 같다고 생각하면 된다. 단, 이 화학 공장은 표준제품을 대량생산하기보다는 소량제품을 주문 제작하기에 적합하게 꾸며진 것이 큰 특징이다.

세포 내의 화학작용들을 연구하는 학문을 분자생물학(molecular biology)이라고 하는데 여기서 다루는 화학반응은 학교 화학실험에서 시험관에 화학물질들을 섞어서 반응물을 관찰하는 식의 화학과 다른 특징이 있다. $2H_2 + O_2 \rightarrow 2H_2O$처럼 표기하기에는 분자들의 크기가 클 뿐만 아니라 종이에 쓴 분자식만으로는 정확한 해석이 잘 안

92) $1\mu m$ = 1,000분의 1mm

되고 마치 입체 퍼즐을 맞추듯이 3차원적 구조를 생각해야 하는 큰 차이가 있다.[93] 각종 분자를 운반하고 분해하고 합성하는 일들이 그야말로 자물쇠와 열쇠처럼 서로 꼭 맞는 것끼리 반응을 한다. 입체적으로 분자들이 휨이나 꼬임이 생길 수 있는데 이것이 오른쪽으로 꼬였나 왼쪽으로 꼬였나[94]에 따라 반응이 달라질 수 있다. 같은 성분의 약이 제약회사에 따라 효능이 다른 일이 종종 있는데 제조 과정에서 분자의 꼬임을 잘 조절할 수 있는 회사가 이에 대한 지적 재산권을 행사하기 때문이다. 상당히 큰(미시세계의 기준으로는) 구조로 된 분자들이 많아서 휘거나 접히거나 하는 변형이 일어나게 되는데 이럴 때마다 반응의 속도(또는 확률)가 달라진다. 세포 내의 효소(enzyme)들은 특정한 분자의 특정한 구조를 변형시킴으로써 반응의 속도를 조절하는 역할을 하게 된다. 세포는 코드(제조 순서)와 재료만 있으면 이렇게 복잡한 일을 자동으로 해내는 뛰어난 시계공이 되도록 진화한 것이다. 그래서 호프만이라는 과학자는 그의 책에서 "진화는 우연으로 되는 것이 아니다. 변이라는 우연적인 과정과 선택이라는 필연적인 과정의 협업으로 되는 것이다."라고 했다.

이번에 코로나라는 바이러스로 온 세상이 큰 어려움을 겪고 있다. 이 바이러스의 표면에 있는 왕관[95] 형태의 돌기들이 우리의 세포막을 쉽게 뚫을 수 있는 구조를 갖추고 있어서 감염률이 높아진 것이다. 그런데 과학자들은 그 왕관 구조를 잡아서 코로나바이러스의 세

---

93) Peter Hoffmann, "Life's Ratchet, How Molecular Machines Extract Order from Chaos", 2012

94) 정확히는 시계방향과 반시계방향

95) 영어 단어 crown의 라틴어 어원에서 따온 corona를 바이러스의 이름으로 쓰고 있다.

포 침투를 방지할 수 있는 항체를 만드는 백신을 최첨단의 유전자 공학적 기술을 도입하여 초고속으로 개발할 수 있었다. 자연과 인류가 분자생물학 분야에서 한판 전쟁을 벌이고 있는데 음모론적인 입장에서 반과학적 생각에 빠진 사람들의 착오로 큰 규모의 숙주 집단을 찾은 바이러스가 변이를 거듭하고 있어서 인류의 초기 대응의 효과가 확실히 드러나지 않고 있어 보인다. 벌써 만 3년 가량의 지루한 전쟁의 승자가 아직은 확실히 드러나지 않고 있지만, 코로나바이러스의 판정승으로 보는 전문가들이 증가하고 있는 것 같다.

미미한 세포들의 이런 뛰어난 활약으로 생명은 점점 복잡해졌다. 세포가 특정한 의도를 가지고 그랬을 리는 없고 우연한 돌연변이에 의하여 복잡성이 증가하고 이로 인한 우연한 부가적인 기능이 가끔은 처해 있는 환경에 대한 적응에 상대적인 경쟁우위를 나타내게 하였다. 경쟁력의 향상은 복잡한 구조를 만드는 일에 소요된 추가적인 자원의 사용을 정당화해줘서 그 돌연변이의 복제 확률이 높아지는 순환고리가 만들어졌다. 새로운 기능을 위한 유전자는 백지상태에서 만들어지는 것이 아니라 기존의 유전자에서 돌연변이에 해당하는 코드에 조금의 변형이 생기는 것으로 만들어진다. 새로운 기능은 그것을 만들어내는 방법이 자원의 활용 측면에서 효율적이면서 잘못된 시도로 개체의 생존에 위협이 되지 않는 조건도 동시에 만족시켜야 한다. 기존의 형태를 최대한 유지한 채 작은 변화를 얻는 것이 생존율을 극대화하는 방향이다.[96] 세포의 진화과정에는 이렇게 최소한의 희생

---

96) Enrico Coen, "The Art of Genes, How Organisms Make Themselves", 1999

으로 효과를 극대화할 수 있는 나름의 경제원칙이 작용하고 있다.

　체온 조절에 유리하도록 진화한 조류의 깃털이 후에 공중에 나는 일에 적응하기에도 유리해진 것이나 어류의 부레가 육지의 동물들의 허파로 진화하는 과정들이 다 이런 예에 속한다. 그뿐만 아니라 서로 다른 종들의 배아가 초기에는 매우 비슷한 모습을 띠다가 성장하면서 점점 다른 특징이 나타나는 것도 같은 원인에 의한 것이다. 이런 이유로 배아에 새 구조가 나타나는 순서는 일반적으로 종의 진화 순서를 따르게 된다.[97] 구체적인 의도가 없는 우연함이 작지 않은 부정적인 효과를 초래하기도 하는데 남성들의 전립선이 하필이면 요도를 둘러싸도록 진화하여서 필자를 비롯한 많은 중년 남성들을 귀찮게 하는 것도 같은 진화의 원칙에 기인한 것이다.[98] 코로나바이러스가 많은 숙주를 찾을 수 있도록 감염력이 높아지는 변이를 하면서 숙주의 사망률은 낮아짐으로써 자가 번식력이 극대화된 것이 이런 과정의 또 다른 예가 되는 것 같다.

　진화의 계통에서 서로 가까운 종은 물론이고 상당히 멀어 보이는 종 간에도 유전자가 서로 상당히 유사한 것이 나타나기도 한다. "쥬라기 공원"이라는 영화에서 호박(琥珀)에서 추출한 모기 피에서 공룡의 유전자를 채취해 개구리의 염색체에 이식하여 공룡을 복제해낸다는 아이디어는 이 현상을 바탕으로 했다. 인류와 원숭이의

---

97) Jamie Davies, "Life Unfolding, How the Human Body Creates Itself", 2014
98) 리차드 도킨스는 이 사례를 가지고 지적설계론을 반박하기도 했다. Richard Dawkins, "The God Delusion", 2006

유전자가 99% 이상이 같다는 이야기도 같은 바탕에서 나왔다. 그런데 사실은 유전자의 유사성에 놀라기보다는 '그 작은 차이에도 이렇게 큰 차이가 나는가'에 놀라는 것이 더 옳다. 작은 코드 하나로 조금 달라지는 단백질 분자의 구조, 조금 달라진 효소로 인하여 나타나는 새로운 반응, …… 이런 것들이 지금의 다양한 생태계를 만들게 된 것이다.

B. 반응이 기억과 표현으로

단세포 생물은 하나의 세포로만 돼 있어서 하찮아 보일 수 있지만, 그 세포는 앞에 간략히 설명한 것보다 훨씬 많은 과정을 거치면서 복잡한 구조를 가지도록 진화하여 독립적인 생명체가 된 것이다. 영양분이 많은 물속에서 진화하여 처음에는 그저 주위를 떠다니기만 하다가 편모(flagellum)가 생겨서 운동이 가능해진 것들도 나타났다. 움직임이 있는 것이 없는 것에 비하여 여러 가지로 경쟁력을 가지게 될 것은 두말할 필요가 없을 것이다. 그런데 이것이 초기의 마치 브라운 운동 같은 임의적인 움직임만 보이다가 주변의 자극에 따라 일정한 방향을 가지고 운동을 하기 시작하는 일이 나타났을 것이고 단세포 생물이 다세포 생물로 진화하면서 자극에 대한 정보를 세포 간에 주고받기 시작하는 것이 감각과 신경의 시작이 되는 것이다.

수정란은 몇 차례의 세포 분열을 거치면서 속이 비어 있는 구의 형태(포배)를 갖추게 된다. 여기까지 한 겹으로 돼 있던 세포들이 안으로 접혀 들어가면서 여러 겹의 형태(창자배)로 바뀌게 되는데 이 때부터 세포들의 위치에 따라[99) 독특한 역할을 하게 분화하기 시작한다. 이때 이미 신경계가 형성되기 시작하는데 신경세포들이 한 줄로 모였다가 그 부분이 안쪽으로 접혀 들어가면서 배아의 길이를 관통하는 원통 형태가 되어 척수의 시작이 나타나고 나중에 머리가 되는 부분에 볼록한 모양의 뇌의 시작도 보이게 된다. 뇌의 성장 과정은 이렇게 배아의 세포들이 접히고 새로운 세포 분열이 일어나는 과정을 반복적으로 거치면서 점점 크고 복잡한 구조로 발달한다. 척수로부터 시작하여 연수, 교뇌, 중뇌, 간뇌, 외간, 소뇌, 해마, 대뇌의 순으로 만들어져 있는데 이 순서가 대략 진화의 순서이고 뒤로 갈수록 뇌의 바깥쪽에 큰 자리를 차지하게 된다. 사람들 입에 자주 오르내리는 전두엽은 이 중 대뇌의 가장 바깥쪽 앞부분에 자리 잡고 있는데 가장 나중에 진화하여 인류와 영장류에만 있는 복잡한 사고를 하는 기능을 맡고 있다. 특히 인류에는 이 부분에 특별한 발달이 나타나서 과거로부터 미래까지의 시간적 연계를 하면서 주어진 환경에서 복잡한 선택을 할 수 있는 능력도 보유하게 되었다.[100) 이런 능력에는 인식, 학습, 기억, 사고, 자의식, 자유의지와 같은 것들과 그것들을 제어하는 능력이 포함된다. 이런 고차원적인 능력은 인간에게만 있는 것으로 착각하기 쉬운데 이런 능력은 전두엽부터 시작하여 가장 안쪽의 연수에 이르기까지 일정한 체계로 연결된 뇌를 사용하기 때문에 유

---

99) 위치에 따라 분비되는 화학물질의 성분이나 농도가 다르다.
100) Joaquin Fuster, "Cortex and Mind, Unifying Cognition", 2003

사한 뇌구조를 공유하는 동물도 유사한 신경세포를 사용하여 원시적이나마 인간과 비슷한 능력을 가질 수 있게 돼었다.[101] 강아지 훈련, 파블로브의 실험에 보이는 조건반사적인 학습, 벌의 춤, 철새의 이동, …… 등 뿐만 아니라 침팬지와의 감성적 소통(심지어는 초보단계의 언어적 소통)에 이르기까지 그 예는 셀 수 없이 많다.

인간의 뇌에는 대략 1,000억 개[102]의 신경세포(neuron)가 있는 것으로 알려져 있다. 이 숫자가 큰 것도 중요하지만 크기로만 보면 코끼리의 뇌에는 이의 두 배도 훨씬 넘는 신경세포가 있는 것으로 알려져 있으니 크기만이 문제가 아니라는 것을 알 수 있다. 신경세포는 다른 신경세포와 시냅스(synapse)라는 것으로 연결이 이루어지는데 한 개의 신경세포가 여러 개의 신경세포와 연결을 이룬다.[103] 사실은 신경세포의 고유성보다는 시냅스가 어디에 있는 신경세포와 연결돼 있는가가 훨씬 중요하다. 어떤 신경세포는 주위의 신경세포와만 짧고 간단한 연결을 하고 있는가 하면 어떤 신경세포는 상당히 멀리 있는 신경세포와도 연결이 돼 있기도(이런 경우 길이가 수 미터에 이르기도 함) 하여 신체의 모든 기관을 조절하는 기능을 수행하게 된다.

뇌의 구조를 필자의 전공 분야인 전자공학의 디지털 메모리와 비교해 보자. 디지털 메모리는 고유한 좌표로 지정이 되는 다수의 cell에 정보를 저장해 놓고 방대한 영역에서 원하는 위치에 들어 있는 내용이 무엇인지를 정확히 읽어내는 일을 한다. 이것이 무척 빠를 뿐만

---

101) Eric Kandel, "In Search of Memory, The Emergence of a New Science of Mind", 2006
102) 가장 최근 발표로는 860억 개.
103) 한 개의 신경세포는 ~7,000개의 시냅스로 다른 신경세포와 연결 돼 있다.

아니라 매우 효율적이고 정확해서 컴퓨터의 정확한 정보처리의 핵심적인 발판이 된다. 이에 반하여 뇌 신경 체계에서는 신경세포 간의 가능한 연결의 규모가 금방 천문학적인 수준에 이르게 되어 메모리의 위치로 원하는 정보를 찾는 것은 사실상 불가능하다. 오히려 정보의 내용 자체가 정보 추출의 기준이 되어 하나의 정보가 동시에 여러 개의 정보와의 연결을 가능하게 한다. 이런 과정은 정확성 측면에서는 모자람이 많을 수 있으나 유연성은 극대화되는 특징이 있다. 컴퓨터 공학에서는 이것을 상당히 복잡한 논리적 연산을 거치는 컴퓨터 프로그램으로 구성할 수 있는데 유연성에 있어서 인간의 뇌 성능을 따라오기가 어렵다. 그래서 인공지능 시대가 오더라도 특정 부문에 국한한 적용으로 그치게 되리라는 것이 필자의 생각이다.

결론적으로 사고의 유연성을 극대화하는 것으로 뇌 구조가 만들어졌는데 이로 인하여 연상(聯想) 기능이 고차원적인 뇌 기능의 핵심을 이루게 됐다. 우리의 일상에서 이런 연상 작용이 일어나는 예를 개인적인 경험을 통해서 살펴보자. 시험을 치르면서 어젯밤에 열심히 외웠던 것이 잘 기억이 나지 않을 때 그것과 같이 외웠던 앞뒤의 내용을 같이 연상해 보면서 기억을 되살리는 일이나 영화에 나오는 유대인 학살 장면을 보면서 스필버그 감독의 "쉰들러 리스트"의 비슷한 장면을 떠올리게 되고 그것이 다시 그 감독의 "ET"를 떠올리게 해서 미국 유학 시절에 그 비디오를 빌려서 아이들과 같이 보던 생각을 하면서 지난겨울에 집에 와서 놀던 손주들 모습을 떠올리게 하는 일련의 생각들이 이어지는 것이 이런 예에 해당한다. 우리에게는 중요한 내용이지만 특정한 목표를 세워놓고 그것을 위해 만든 어떤 컴퓨터나 인공지능 프로그램이 이렇게 사소한 영역에도 인간과 유사한 유연함을 지니게 될 것은 생각조차 하기 힘들다.

인간의 뇌 신경 체계의 구조는 이렇게 거치는 단계가 많으므로 그 속도가 디지털의 세계보다는 훨씬 느리기도 하지만 정확도 면에서는 아쉬움이 너무나도 많을 수가 있다. 대신에 유연성 측면에서는 비교도 할 수 없을 정도로 탁월한 성능을 가지고 있어서 웬만한 오류는 그 자리에서 대안적인 우회도로를 찾아내기도 하고 중요한 것으로 판단하는 것은 여러 갈래의 연관을 지어 놓아서 잘 잊지 않게 하기도 하고 중요하지 않은 것은 쉽게 망각할 수 있게 하기도 한다. 많은 경우에 중요한 것과 중요하지 않은 것 간의 실시간적인 판단에 오류가 많아서 원하지 않던 결과를 초래하기도 한다. 의자가 삐걱거려서 연장을 가지러 가다가 아내와 마주치면서 어젯밤에 생각났던 중요한 얘깃거리가 생각이 나서 그 얘기를 하다가 연장 가지러 간 것을 까맣게 잊고 빈손으로 돌아오는 것 같은 일이 이런 예다.

일반적으로 의식 속에서 일어나는 결정들은 조금 오류가 발생하여도 큰 문제가 되지 않을 때가 많은데 무의식중에 본능적으로 하는 일들은 생존과 직결되는 것일 수가 있어서 이것보다 훨씬 빠르고 정확하게 일어나게 된다. 돌에 걸려 넘어지게 되면 저절로 큰 소리로 자신의 위급상황을 주위에 알리고 팔을 앞으로 뻗어서 충격을 완화하는 행동들이 여기에 속한다. 이렇게 무의식중에 일어나면서 좀 더 고차원적으로 일어나는 일은 생활 속에서 나타나는 여러 가지 패턴을 익히는 것이다. 동물이 땅에 남긴 발자국을 찾아서 그것이 사냥감의 것인지 아니면 위험한 포식자의 것인지를 가리는 일이나 날카롭게 깨진 돌이 무엇을 자를 때 편리하다는 것을 알게 되는 것으로부터 시작하여 속이 빈 나무를 두드리면 큰 소리가 나고 그것을 일정한 주기로 두드리면 흥이 난다는 것이나 맛있는 열매가 열리는 나무를 찾아가는 머릿속 지도를 가지고 그 나무를 반복적으로 찾아가기까지 그 예는 무한정으로 많다. 이렇게 패턴은 시각에 자극을 주는 공간적인 것과 청각에 자극을 주는 시간적인 것에다 머릿속에 도식적으로 기억해 놓은 추상적인 것까지 다양하다. 이런 패턴 인식 능력은 알고 있는 것과 유사한 것을 정확하게 인식하고 반복할 수 있을 때 일상에 큰 도움이 될 수 있었을 것은 물론이고 익숙한 패턴에서 벗어나지만, 연관성이 지어지는 새로운 패턴을 찾을 때 창의적인 체험의 계기가 됐을 것도 짐작할 수 있다. 그런데 아마도 이런 패턴 인식 능력 중에 우리의 조상들에게 가장 중요한 것은 상대방의 표정으로부터 감정 읽기였을 것이다.

설명의 순서가 다소 뒤바뀐 것 같지만 여기서 감정과 표정을 다루고자 한다. 감정 느끼기와 표정 읽기는 적어도 큰 시간 차이 없이 나란히 발달했을 것으로 생각된다. 뇌 활동에는 앞으로 넘어지면 팔을 뻗기, 운동하면 숨이 가빠지며 심장박동이 늘어나는 것, 갑작스러운 충격에 소름이 돋고 공포심을 느끼는 것 등의 아무 훈련도 없이 본능적으로 익숙하게 일어나는 것들이 많이 있다. 이 중에 마지막의 예와 같이 주변의 환경 변화에 따라 적합한 감정을 느끼는 것이 이 절의 관심사이다. 이 문장에 나오는 '느낌'과 '감정'은 서로 다른 것이다. 내가 느끼는 느낌은 나만의 주관적인 것이어서 나는 알지만 누군가에게 소통하기 전에는 아무도 알 수 없다. 이에 반하여 감정은 주변의 자극 때문에 일어나는 신체적인 상태여서 감정에 따라 표정, 피부색, 음성의 톤, 몸짓, 체취 등등으로 저절로 표현되어 이런 것들에 주의를 기울이는 상대방이 알아차릴 수 있다. 감정의 변화를 스스로 인식한 이후라야 느낌이 만들어지고 의식하에 행동으로 이어질 수 있게 된다.[104] 그런데 우리는 우리의 감정들에 너무 익숙해지고 느낌이라는 관념과의 혼동마저 일으켜서 우리의 감정 체계가 처음부터 이렇게 복잡한 것으로 생각하기 쉽다. 행동과학(behavioral science)을 연구하는 과학자들은 감정에도 기본적인 감정이 있다고 주장하고 있다. 아직은 학자들 간에 의견 통일이 이루어지지 않고 있는데 대개는 대여섯 가지로 좁혀지는 것 같다. 몇 년 전에 디즈니에서 만든 "인사이드 아웃"이라는 만화영화에는 즐거움(Joy), 공포(Fear), 분노(Anger), 슬픔(Sadness), 싫음(Disgust)의 다섯 캐릭터가 등장하여 한 소녀가 겪는 일상에서의 감정의 변화를 묘사하고 있다. 영화 개봉 당시에 마침 이와 관련한 책들을 읽고 있어서 참으로 흥미 있게 본 기억이 있다. 어린이용 만화영화는 아니어서 흥행에는 그리 성공하지 못한 것 같았는데 오히려 성인에게는 많은 생각을 하게 하는 좋은 영화라고 생각했다.

이 디즈니 영화의 기본적인 감정에 한 가지를 더 추가하자면 놀람을 추가할 수 있는데 이것은 공포와 겹치는 부분이 많다고 할 수도 있어서 제외되기도 한다.[105] 그러면, 우리가 흔히 느끼는 긍지, 희망,

---

104) Frans de Waal, "Mama's Last Hug, Animal Emotions and What They Tell Us about Ourselves", 2019
105) 개인적으로는 '욕심'이 기본적 감정으로 추가될 자격이 있다고 생각한다.

용기, 죄책감, 질투심, 감사함, 복수심 등등의 감정들은 무엇인가? 과학자들의 설명으로는 이런 것들은 앞의 기본적 감정들을 인간이 전두엽의 작용으로 복잡한 상황에 맞게 고차원적으로 합성한 2차, 3차의 감정들이라는 것이다.

감정은 표정으로 바로 나타나게 된다. 우리보다는 감정 표현이 적극적인 서양사람들은 상대적으로 손짓, 발짓도 활발한데 얼굴에 비치는 표정은 기본적으로 같아 보인다. 사람의 얼굴에는 40여 개의 근육이 있는데 이것들의 가장 중요한 기능은 바로 표정 짓기이다. 얼굴 근육은 인간보다 종류가 적더라도 포유류에서도 찾을 수 있는데 아마도 홀로 생존할 수 있는 성체로 성장할 때까지 어미와 소통을 하기 위함일 것이다. 애완견을 길러본 사람들은 개들도 위의 기본적인 감정을 느낀다는 것에 충분히 공감할 것으로 생각이 된다. 맛있는 간식을 보면 꼬리를 마구 흔들면서 주인을 뺑뺑 도는 것, 무엇인가 야단을 맞을 것 같을 때는 구석에 숨어서 고개를 푹 숙이고 있는 것 등 금방 생각나는 것들은 인간과 큰 차이가 나지 않는다.

감정 활동의 또 다른 중요한 관건은 표정 읽기이다. 어쩌면 이 기능 때문에 표정이라는 것이 진화론적으로 유효한 과제가 됐다고 보는 것이 옳겠다. 상대방에게 내가 아는 정보를 알릴 필요가 없다면 표정이라는 것이 필요할 이유가 없고 어쩌면 감정도 필요가 없을지도 모른다. 거기다가 같은 감정이라도 표정의 미미한 차이로 감정의 정도까지 소통하기도 한다. 예를 들어서 일반적으로 진짜 미소와 과장된 미소와 거짓 미소를 구분할 수 있는데 농이 섞여 있는 상황이 아니라면 상대방에 속지 않는 것이 중요할 수 있어서 과장됐거나 거

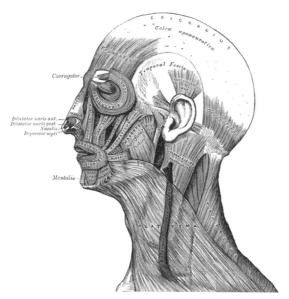

얼굴근육은 얼굴신경(제7뇌신경)이 분포하는 골격근들로 표정을 조절하는 작용을 하며 표정근이라고도 한다. 얼굴근육은 포유류에서만 발견된다. [Wikipedia]

짓된 표정을 가려내는 능력도 생기게 되었을 것이다. 예외적으로 반복되는 경험으로 도박사나 명배우와 같이 세밀한 능력을 갖추게 되는 예도 있겠지만 일반적으로는 모든 사람이 이와 관련한 기본적인 능력을 갖추고 태어난다.

생화학의 장인인 세포가 복잡한 조직과 기관을 만들고 그중에 한 가지인 뇌 신경 체계가 진화과정에서 감정의 표현에 이르는 길을 따라왔는데 이것이 비언어적 소통의 시작이 되었다.

뇌에 관한 이야기를 마무리하기 전에 뇌에 대하여 흔히 잘못 전해지는 이야기를 바로잡고자 한다. 인간은 뇌의 기능을 10%밖에 사용하지 않고 있는데 나머지 90%를 사용할 수 있는 방법을 터득하면 초월적인 능력을 발휘할 수 있게 된다고 믿는 이들을 종종 접하게 된다. 텔레파시와 같은 비과학적인 개념들이 여기에서 나오는데 소설이나 영화의 소재로 사용될 때는 픽션(fiction)으로서의 흥밋거리로 다뤄지는 것이라 큰 문제가 되지 않지만, 애초부터 초월적인 영역에 뿌리를 내리고 있는 부문에서 이런 이야기를 할 때는 많은 혼동을 일으킬 수 있다. 전문가들의 과학적인 해석으로는 뇌의 활동은 의식적인 것과 무의식적인 것으로 구분할 수 있는데 의식적인 활동의 비율은 일반적으로 제시되는 10%보다는 훨씬 많을 것으로 이야기하고 있다. 나머지 부분은 대부분 무의식적으로 일어나지만, 필수적인 행위에 쓰이고 있을 것이다. 물론 이 부분도 지속해서 다 활성화돼 있는 것이 아니라 대기 상태로 머물러 있다 필요할 때 바로 활성화할 수 있는 준비 상태에 있는 것도 있을 것이다. 생명의 진화는 필요하지 않은 큰 뇌를 낭비적으로 만들지 않는다.

VII. 사람이 되다

진화는 진보가 아니라 단순히 시간이 지남에 따라 나타나는 변화다.
Evolution is not progress, but simply change over time.
수자나 허큘라노-하우젤 Suzana Herculano-Houzel

나는 생각한다. 그러므로 나는 존재한다.
Cogito ergo sum.
르네 데카르트 René Descartes

왜 아는지 모른 채 아는 것.
Knowing without knowing why he knows.
대니얼 카너먼 Daniel Kahneman

A. 나무에서 내려온 원숭이

정교한 시계를 만드는 시계공처럼 자연을 창조하는 절대자의 존재가 필요했던 페일리 같은 사람이나 과학적 진실을 어떤 음모로 생각하는 사람들을 제외하면 웬만한 사람이라면 중고등학교의 생물 수업을 들으면서 인간도 동물의 한 종(種)임을 알고 인정하게 된다. 자연스럽게 '과연 동물과 우리의 근본적인 차이는 무엇일까?'에 대한 생각을 하게 되는데 필자도 학교 친구들과 이것을 놓고 의미 없는 말싸움을 했던 기억이 난다. 그때 무슨 이야기를 했는지 하나도 기억이 안 나지만 우리는 유일하게 자의식(self-consciousness)을 가지고 있고 자신보다 더 높은 것에 대해 생각을 할 수 있다는 것은 확실하다. 이 차이는 단순히 여타 동물과의 차별만을 가져오는 것이 아니라 한편으로는 우리의 육체적인 한계를 초월한 세계에 대해 생각할 수 있는 능력이 되기도 하고 우리의 멸망을 가속하는 부작용을 남기기도 한다. 인류가 이렇게 동물과 구별되는 높은 지각 능력을 갖추게 된 과정을 살펴보자.

우리의 조상은 아프리카 초원의 나무 위에서 살던 영장류(primates)였다. 영장류는 포식자의 위협을 피하여 나무 위에서 서식하기에 유리한 팔다리와 꼬리까지 가지도록 진화하였다. 특히 손과 발의 엄지는 다른 손가락과 발가락들과 다른 방향으로 자라서 무엇을 잡기에 편리했다. 그런데 가장 큰 특징은 몸집보다 뇌용량이 증가했다는 것이다. 이것은 대뇌피질(cerebral cortex)의 신경세포의 밀도가 높아진 것에 기인한 것이었는데 이로 인하여 두개골의 제한된 부피에 더 큰 뇌를 가질 가능성이 만들어졌다.[106) 영장류의 뇌가 상대적으로 커진 것은 이들이 독특한 사회성을 가지고 가족 단위의 무리를 지어 사는 일에 기여하였다. 이 사회성은 곤충의 사회성과는 사뭇 달랐다. 개미와 벌들도 높은 사회성을 가지면서 큰 떼를 이루고 사는데 이 경우에는 각 개체가 동일한 DNA를 가지면서도 각각 분업화된 역할에 따라 구별된 신체구조를 형성하여 평생토록 맡은 역할만 하다 죽게 된다. 반면에 영장류는 정해진 우두머리 아래 군집이 형성되어 먹을거리의 장만으로부터 후손의 번식과 양육은 물론 포식자나 경쟁집단의 위협에 대한 대응에 이르기까지의 일들을 공동으로 하며 살아가는데 개미와 벌들과는 달리 처한 상황이나 구성원의 성장에 따라 조직 내의 역할이 유연하게 바뀌는 것을 볼 수 있다.

---

106) Suzana Herculano-Houzel, "The Human Advantage, How Our Brains Became Remarkable", 2017

영장류는 지금으로부터 대략 3,000만 년 전에 두 다리로 설 수 있는 능력을 갖춘 유인원(apes)으로 갈라지게 됐다. 이때 영장류 줄기에서 지금의 긴팔원숭이와 오랑우탄과 고릴라 등의 조상이 갈라져 나왔다. 이 당시 아프리카의 기상이 열대성에서 건조한 기상으로 바뀌면서 더는 나무 위의 서식이 불편해진 것으로 생각되고 있는데 나뭇잎이나 열매에 의존하는 생활이 어려워져서 식물의 뿌리 등을 캐먹기 위해 초원으로 서식처를 옮기는 일이 발생했던 것으로 여겨진다. 두 다리로 일어설 수 있는 능력은 아마도 포식자의 접근을 멀리서 관찰하여 위기를 미리 파악하고 먹잇감을 찾아서 나무에서 좀 더 멀리 이동할 수 있는 이점을 제공했을 것이다.

나무 위에서 살다 땅에 내려와 살게 되어 몸집이 커질 수도 있는 조건이 마련되어 뇌와 신체 간의 비율을 유지하면서 뇌가 더 커질 수 있는 길이 열렸다. 뇌가 커지면 뇌에 소모되는 에너지도 늘어나게 되는데 이 때문에 영양가가 높은 먹이를 찾는 것이 중요해졌다. 탄수화물이 주는 단맛을 즐기는 우리 습관이 아마 이때부터 생긴 것이 아닐까 하는 생각이 든다. 영양보충을 위해 개미 같은 곤충이나 애벌레 등을 찾아 먹는 잡식성도 이때 생겼을 것이다. 더욱 중요한 것은 커진 뇌 덕분에 안면근육에 대한 조절 능력이 크게 향상하여서 이전보다 훨씬 많은 표정을 보일 수 있었다. 대부분의 조류가 짝짓기할 때나 위기를 당했을 때 동료에게 알리거나 적을 위협하기 위해 단순한 소리로 신호를 내기도 하는데 유인원들은 상황에 따라 몇 가지 다른 소리에 표정과 제스처까지 더한 신호를 낸다. 최근 동물 행동과학자들 중에는 침팬지나 고릴라에게 도식(그림 카드)과 손짓을 이용한 간단한

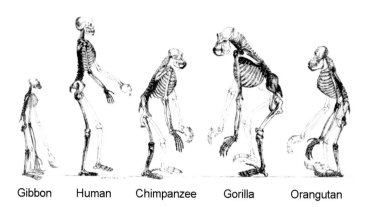

Gibbon　　Human　　Chimpanzee　　Gorilla　　Orangutan

가장 최근에 조상을 공유했던 영장류들 [위키피디아]

소통능력을 가르치는 데 성공한 사례도 있으나 이것은 조금 복잡해진 신호체계에 지나지 않는다.[107] 그런데도 이 정도의 소통능력으로도 유인원 집단에서 보이는 협동, 우두머리 다툼, 라이벌에 대한 시기에다 앙숙 집단에 대한 습격까지 실행에 옮기는 것에 충분하다.

　　여기까지 온 유인원 줄기를 드디어 약 600만 년 전에 인류의 조상이 침팬지와 보노보 침팬지의 공동조상과 함께 떠나게 된다. 이 때부터 현대 인류로 가는 고유한 줄기가 시작되면서 다른 유인원류와 달라진 특징이 나타난다. 우선 이제부터는 두 발로 일어서기만 하는 것이 아니라 두 발로 걷는 일이 많아져서 앞다리(나중에는 팔과 손)가 자유로워지는 결과가 나타났다. 이것은 다시 자유로워진 손으로 연장(초기에는 원시적인 돌 연장)을 사용하는 능력으로 이어졌다. 약 250만 년 전의 일이다. 이어서 호모(Homo)라는 학명이 붙는 시조 인류들

---

107) Derek Bickerton, "Adam's Tongue, How Humans Made Language, How Language Made Humans", 2009

의 진화가 진행되는데 이 과정이 한 줄기의 직선적인 방향으로 이어진 것이 아니라 서너 번의 갈래가 일어나면서 멸종도 있었고 동시대에 사는 시조 인류들 사이의 경쟁이 일어나기도 했다. 우리가 잘 아는 네안데르탈(Neanderthal)인도 현대 인류와 가장 가까운 크로마뇽(Cro-Magnon)인의 조상과 동시대에 살면서 경쟁과 교류를 하면서 살았을 것으로 생각하고 있다. 교류로 이루어지는 일 중에는 성적인 교류도 있었을 것이어서 이때 태어난 자식들이 퍼지면서 현대인의 피에는 크로마뇽인의 것은 물론이고 네안데르탈인의 피도 일부 섞여 있을 것으로 이야기되고 있다. 이것은 최근 모계로 다음 세대에 전해지는 미토콘드리아(mitochondria)에 대한 유전공학적 해석으로 사실로 밝혀지고 있다.[108]

이 시기는 극지방의 얼음이 두꺼워져서 해수면이 지금보다 매우 낮아서 대륙 간 이동이 지금보다 비교적 쉬운 시기였다. 이때 인류의 조상은 고향인 아프리카를 떠나서 시나이반도나 얕은 홍해를 건너서 지금의 유럽과 아시아로 퍼져 나갔다. 이때가 최대 100만 년 전이었던 것으로 추정되는데 이후 아시아 쪽으로 퍼진 인류의 조상 중 한 줄기는 시베리아와 베링해협을 거쳐서 북미와 남미로 이동하고 한 줄기는 남아시아와 호주를 거쳐서 남태평양의 섬으로까지 퍼지게 되었다. 이 이동의 과정에 나타나는 서식지의 다양함은 다른 종에서는 찾을 수 없을 정도로 놀라운 적응력을 갖추고 있었음을 보여주고 있다. 또한, 그 이동속도도 어마어마하게 빨라서 호주에서 솔로몬 군도로 넘어간 이후 태평양의 섬들에 퍼지기에는 약 30,000년 밖에 안

---

108) Svante Pääbo, "Neanderthal Man, In Search of Lost Genomes", 2014

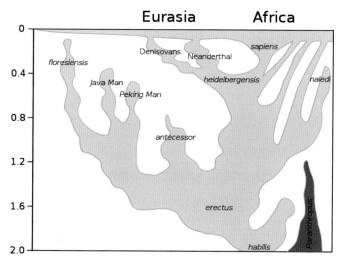

과거 2백만 년 동안의 인류 조상 진화를 도식화한 그림. 종축은 시간의 흐름을, 횡축은 지역적 분산을 그리고 있는데 멸종과 종간 혼합이 보인다. 붉은 색은 인류의 조상과 병행하였던 Parathropus(오스탈로피테쿠스)의 소멸을 표시.[위키피디아]

걸렸고 알래스카에서 남미의 남단까지 이동하는 것은 고작 12,000년 밖에 걸리지 않은 것으로 밝혀지고 있다.

이렇게 다른 동물들에서는 찾을 수 없는 놀라운 적응력은 커진 대뇌의 지각능력에 기인했을 것임이 틀림없다. 커진 뇌와 지각능력은 적어도 다음의 두 가지 측면에서 큰 변화를 일으켰다.[109] 첫째는 생애(life cycle)에 나타난 변화이다. 인류는 다른 동물에 비하여 어미가 새끼를 돌보는 보육 기간이 매우 길다. 심지어는 수유기가 끝나도 엄마가 먹여 주는 음식이 없이는 생존하지 못한다. 이것은 인간의 뇌는 아주 미숙한 채로 태어나서 오랫동안 학습을 통하여 발달하도록 진

---

109) Jared Diamond, "The Third Chimpanzee, The Evolution and Future of the Human Animal", 1993

화했기 때문이다. 부모의 집중적인 보호가 필요한 보육 기간의 필요성은 일반적으로 한 번에 아기를 하나만 낳게 하고 아기의 보육에 엄마 말고도 아빠의 손을 많이 타게 하였다. 이것이 인류가 대체로 일부일처제[110]를 채택하게 했고 짝짓기 과정에서 여성들이 이런 측면에서 믿음이 가는 상대를 선호하게 했다. 생애의 관점에서 또 하나의 중요한 특징은 인류의 수명이 매우 길어졌다는 것이다. 단순히 시간으로 따진 수명을 이야기하는 것이 아니라 여성의 경우에는 폐경을 넘기고 남성의 경우에는 힘의 절정기를 넘기고도 가족과 같이 사는 것을 말하는 데 이것은 경험으로 축적된 정보가 인간의 생존에 긍정적인 기여를 했음을 간접적으로 보이는 사례로 여겨진다.

두 번째는 짝짓기에 관한 것이다. 위에서도 보육에 기여하는 아빠의 역할과 이런 남성에 대한 여성의 선호에 관해 이야기했다. 이렇게 여성은 자기 아기의 보육에 도움이 될 만한 남성을 선택하는 데 성공했더라도 그 남성이 오랫동안 곁을 지켜주는 보장이 없어서 다른 전략이 도입되었다. 암수 간의 성교에서 인류에게서만 찾을 수 있는 특징이 몇 가지 있는데 그중에서 가장 큰 것은 임신과 무관하게 쾌락만을 위해서도 성교를 한다는 것이다. 동물 세계에서는 암컷이 자신의 발정기에 적당한 수컷을 만나서 임신을 하기 위한 성교를 하는 데 반해, 인간의 경우에는 여성들이 생리 주기와 상관없이 성교를 허용함으로써 자신이 선택한 남자가 자신을 계속 찾게 만드는 것이다. 부가적으로 둘 사이의 성교를 개방된 곳에서 하지 않고 은밀한

---

110) 주로 남성 쪽에서 다른 짝을 찾아 나서는 일이 종종 있지만, 영아의 보육 초기는 지난 다음에 일어난다.

곳에서 하여 둘 사이의 긴밀한 관계를 자신의 짝과 주변에 다 알려서 더 끈끈한 연을 형성하게 된다. 이렇게 해서 자식을 낳게 되면 남자는 그 아이가 자신의 것임을 확신하게 되어 보육에 더 헌신적이 되는 효과도 얻게 된다.

이런 것과 같이 기록이 없는 시대의 인류 모습을 연구하는 분야가 인류학과 고고학인데 원시인류가 남긴 골격과 음식 찌꺼기 등의 화석으로부터 어떤 것들을 먹고 살았는지부터 그 당시 그 지역의 기상까지 짐작하기도 한다. 또한, 그들이 남긴 석기나 동물의 뼈로 만든 연장이나 서식처의 흔적으로부터 가족이나 작은 부족 단위의 사회성도 짐작하게 되는데 이런 연구들이 묘사한 모습이 20세기 후반까지도 아마존이나 파푸아 뉴기니와 같은 곳의 깊은 밀림에서 현대사회와 거의 고립된 채 생존하는 원시 부족의 모습과 매우 흡사한 것이 확인된다. 이런 원시사회를 소개하는 TV 프로그램들을 보노라면 우리와는 차원이 다를지라도 구성원 중에 전문가와 비전문가 간에 분명한 위계질서가 있고 독특한 언어와 특정한 목적에 적합한 세련된 연장을 사용한다는 것에 놀라게 된다.

B. 아기가 어른이 되기까지

손주가 생기는 일은 그 아이의 재롱을 보는 것 이외에도 필자로서는 아이의 성장을 지켜보면서 마침 관심을 두고 있던 뇌의 성장을 짐작해보는 재미도 만만치 않았다. 어릴 적에 집에서 기르던 개와 고양이가 새끼를 치는 일이 종종 있었는데 많을 때는 한 번에 대여섯 마리씩 낳아서 다 분양을 하기 전에는 새끼들이 서로 노는 모습을 시간 가는지 모르고 지켜보던 기억이 난다. 같은 배에서 나오고도 서로 성격이 달라서 어미 곁에만 있으려는 녀석부터 장난기가 유난히 많은 녀석이나 모험심이 많아서 제법 멀리 혼자 나가보는 녀석도 있었다. 그러나 어찌 동물 새끼들의 귀여움을 인간의 아기들이 주는 귀여움에 비할 수가 있을까? 다만 인간의 존엄성 때문만이 아니라, 말을 못하는 아이들의 의사 표현이 상당히 수준이 높다는 생각은 단순히 할아버지의 팔이 안으로 굽는 현상 때문만은 아닐 것이다. 자기의 불편함을 해소하기 위해 갖은 수단으로 엄마를 제 뜻에 따라 움직이게 하는 것이나 말을 배우면서 의사소통하기 시작하는 모습이나 새로운 꾀를 부리면서 나름의 호기심을 채워 나가는 모습들은 다른 동물들에게서는 보이지 않는 모습이다.

사람 아기들의 가장 큰 특징은 너무나도 미숙한 채로 태어나고 성장 속도가 느려서 제 앞가림을 하는 데까지 10년 이상이라는 긴 세월이 필요하다는 것이다.[111] 이것에 관한 여러 가지 이론 중에는 여성 골반의 구조적인 제약으로 아기의 두개골이 너무 커지기 전에 분만이 이루어져야 하므로 미숙한 상태로 태어나야 한다는 것도 있으나 이것만으로는 설명이 다 안 된다. 에너지 소모가 많은 뇌를 그렇게 크게 만드는 것에는 그 자체만으로도 합리적인 이유가 있어야 한다. 인류의 가족관계에서 나타나는 특징 중의 하나가 아기의 보육에 전통적으로 할머니의 역할이 상당히 크다는 것인데 여기에 이렇게 '쓸데없이' 커진 뇌에 대한 힌트가 숨어있다.

다른 동물에 비해 새끼들에 대한 보육이 비교적 복잡한 포유류도 태어나자마자 주위 환경에 바로 노출이 되어 바로 포식자로부터 어미를 따라서 스스로 도망칠 수 있어야 하고 짧은 수유기를 지나자마자 어미와 같은 음식을 먹기 시작하고 어미로부터 먹거리를 구하는 훈련을 받기 시작한다. 이에 반하여 인류의 아기들은 부모가 먹는 것과 같은 음식을 먹을 수 있고 제 발로 장거리 이동을 할 수 있게 된 이후에도 여러 해를 부모 곁에서 살아간다. 체격이나 근력이 부모와 비슷해지는 데만 대략 15년 정도는 걸리는데 이 기간에 인간에게 일어나는 가장 큰 변화는 뇌에서 일어난다. 물론 뇌가 커지기도 하지만

---

111) Alison Gopnik, "The Gardner and the Carpenter", 2016

인류의 전두엽에서만 보이는 높은 밀도의 신경세포 연결구조 덕분에 인류의 아기들은 유연하고 깊은 학습이 가능하다. 복잡한 언어를 배우는 것은 물론이고 이 능력을 이용하여 연장을 만들기 위한 기술을 비롯하여 부족사회의 질서를 지키기 위한 전통의 전수가 이루어지게 되는 것이다. 물리적인 생산성이 현저히 낮아진 어른들이 권위를 인정받으면서 같이 살 수 있는 환경은 이렇게 만들어졌을 것이다. 한마디로 우리 아이들의 성장 기간은 학습을 위한 기간이었다. 여기서 말하는 학습은 시험공부 따위를 일컫는 것이 아니라 따라 하기와 수많은 시행착오를 겪으면서 각자의 신경세포망을 만들어가는 과정을 말한다.

잠시 인간의 지적 능력의 발달에 관한 유명한 'nature vs. nurture' 논쟁을 살펴보자. 다른 동물들의 경우에는 모든 행동이 자극에 대한 예측된 범위 내의 반응으로 일어나기 때문에 DNA에 실린 정보에 따른 본능(nature)의 지배를 받는 것으로 해석할 수 있다. 반면에 인간의 경우에는 뇌의 발달 과정이 상당히 유연하여, 성장하면서 보이는 행동들이 양육(nurture)의 영향을 많이 받는다는 생각을 하게 되어 본능과 양육 중 어느 쪽의 영향이 더 우세한가를 놓고 심리학 관련 부문에서 오랜 논쟁이 벌어지게 되었다. 이 중의 한 예가 언어학 부문에서 촘스키(Noam Chomsky)가 주장한 보편문법(Universal Grammar) 이론이다. 이 주장에 따르면 인간의 뇌는 태생적으로 복잡한 문법구조가 새겨진 신경세포의 연결을 갖고 있다. 이 이론은 다양한 언어의 복잡한 구조를 너무 작위적으로 분석한다는 비판과 함께 그 복잡한 구조를 인간의 DNA가 싣고 있을까 하는 의문 때문에 많은 반대를 받고 있다. 촘스키의 제자인 핑커(Steven Pinker)는 인간이 언어능력을 가지고 태어난다는 것으로는 그의 스승과 같은 의견을 갖지만, 그것은 언어 습득에 유리한 뇌 구조가 진화한 결과이지 고정된(hardwired) 코드체계에 의한 것은 아니라는 주장을 하여 그의 스승과 조금 다른 주장을 한다.[112] 이런 논쟁의 결론은 전문가들에 넘기기로 하고 우리가 여기서 기억할 것은 우리의 뇌는 nature에 의한 독특한 구조에 nurture에 의한 지속적인 덧씌우기로 매 순간 새로운 신경세포의 연결이 만들어지고 있다는 사실이다. 이 부분에 대해서는 다음 절에서 조금 더 자세한 설명을 하기로 한다.

어린아이들의 뇌는 그 성장 속도가 특히 빨라서 그 학습능력이 우리의 상상력을 초월하는 수준이다. 그러기에 어려서부터 운동이나 예능 부문에서 꾸준히 노력한 아이들이 후에 성인이 되어 놀라운 재능을 보이는 예를 종종 보게 되는 것이다. 어른들은 이런 예외적인 사례에 현혹되어 자식들의 경쟁력을 키울 요량으로 정해진 지식과 요령을 더 많이 익히게 하는 일에 매진한다. 얼마나 많은 지식을 알고 있는가를 학습의 평가 기준으로 만들어서 이것을 획일적인 시험으로 줄 세우기를 하여 진급과 진학은 물론 평생직업의 선택기준으로 삼고 있다. 현대로 올수록 이런 경향은 더 심해져서 아이들의 학습 과정에서 호기심과 창의가 차지할 자리는 점점 더 이른 시기부터 통제와 획일로 채워지고 있다. 어른들의 논리로는 젊은 시절에 잠시만 참고 출세에 성공하면 그때 마음대로 즐길 수 있게 된다는 것인데, '성공'의 경우에는 한창 유연한 뇌 성장의 시기에 좁게 성장한 뇌가 이미

---

112) Steven Pinker, "Blank Slate, The Modern Denial of Human Nature", 2002

창의성을 상실하게 되고, '실패'의 경우에는 성공을 전제로 설정된 과정의 희생제물이 되어 존재감의 상실을 초래하게 된다. 그러므로 이런 식의 양육방식은 근본적인 수정이 필요하다. 무엇보다도 이러한 교육체계에서는 학습이라는 재미있는 과정에서 따분한 시험공부만을 남기게 되어 평생 간직해야 할 학습에 대한 즐거움을 일찍 포기하게 만드니 이것이 더 큰 문제로 여겨진다.

핀란드의 교육방식이 좋은 것으로 종종 소개되고 있는데 필자에게 인상 깊게 기억되는 것은 핀란드의 한 현직교사가 '놀기(play)가 곧 학습(learning)'이라고 한 것이다. 그래서 핀란드에서는 학생들에게 숙제를 내주지 않는다고 한다. 학업은 모두 학교에서 완전히 이해하도록 진행하고 집에 가서는 가족과 친구들과 노는 일에만 열중할 수 있도록 하기 위함이라고 한다. 그런데도 고등학교만 졸업해도 일반적으로 2~3개의 외국어를 자유로이 구사[113]할 정도라고 하니 대학 4년을 포함해 적어도 10년을 공부한 영어 하나도 제대로 하지 못하는 우리와는 너무나 큰 차이가 느껴진다. 이러한 유연한 교육체계가 각 개인의 존엄성을 키워주는 결과로 이어지는 것은 물론이고 인류의 뇌 진화과정에 부합하는 방법이라고 생각한다.

우리 아이들의 양육과 교육의 내용은 그들의 호기심을 자극하여 학습의 재미를 잃지 않게 하는 것이어야 하고 과정은 다양한 꿈을 꾸며 미래에 대한 희망을 잃지 않도록 하는 것이어야 한다. 이것이 국가 교육 목표의 핵심이 되어야 한다고 생각한다.

---

113) 핀란드어는 유럽 대부분의 국가 언어나 영어와 같은 라틴어 계열이 아닌 우랄어 계열의 독특한 언어다.

C. 사람의 생각은 어디에서 오나?

앞 절에서 인류는 상대적으로 미숙한 뇌를 가지고 태어나서 성장기의 학습을 통해 월등한 지각능력을 갖추게 됐다고 했는데 여기서는 어떻게 우리가 이런 뇌를 가지게 됐는지 알아보기로 한다. 이것을 위해 우선 인류가 뇌에 대해서 얼마나 알게 되었는가를 살피면서 시작한다.

해부학의 도움으로 뇌의 기본적인 구조에 대해서는 상당히 오래전부터 알고 있었다. 이를 통해서 우리가 어려서부터 학교에서 배운 대뇌(cerebrum), 소뇌(cerebellum), 뇌간[114](brain stem), 척수(spinal cord) 등의 구조를 알게 됐고 기능적으로는 대뇌는 사고력, 소뇌는 신체의 움직임, 뇌간은 신체 기관의 무의식적인 기능의 조절, 척수는 뇌

---

114) 어릴 적에 배운 숨골 또는 연수라는 부위는 여기에 포함돼 있다.

와 신체 각 기관 간의 신경 묶음이라는 등의 개략적인 이해를 하게 됐다. 특히 주름이 많이 잡혀 있고 상대적으로 커진 사람의 대뇌를 보면서 이것이 인간이 갖는 월등한 지능과 관련이 있음을 짐작하기도 했다. 대뇌의 가장 겉의 주름 잡힌 부위가 대뇌피질(cerebral cortex)이고 화제에 자주 오르는 전두엽(frontal lobe)은 이 중에서 가장 앞부분(이마 쪽)에 있는 부위이다. 이러한 해부학적인 지식에 사고나 질병으로 뇌 일부분에 손상을 입은 환자들에 대한 진단이나[115] 뇌전도(electroencephalogram, EEG)로 뇌 활동을 전기적으로 관찰하면서[116] 얻은 연구결과를 접목하여 대뇌의 어떤 부위가 어떤 활동과 관련을 갖는지도 알게 되었다.

이런 연구결과들은 19세기 중반에 각각의 인지 기능이 대뇌의 특정 부위에 국소화(localized)돼 있다는 결론으로 모아졌는데 대표적인 예가 브로카(Paul Broca)의 연구결과이다. 브로카는 좌뇌의 특정 부위에 상처가 있는 한 환자가 구강, 혀, 성대 등의 움직임은 정상적이어서 단발성으로 단어를 말하거나 어려움 없이 노래를 부를 수도 있고 남의 이야기를 제대로 이해할 수는 있으나 정확한 문장을 말하지도 못하고 쓰지도 못하여 표정이나 제스처로 밖에는 의사 표현을 하지 못하는 것을 발견하였다. 이후 같은 부위에 상처를 입은 다른 환자들도 유사한 증상이 있음을 발견하여 이 부위를 인간의 언어능력을 관장하는 브로카 영역(Broca's Area)이라고 부르게 되었다. 그러나 19세기 말에 베르니케(Carl Wernicke)는 브로카 영역보다 조금 뒤쪽

---

115) John C. Marshall, "The Man Who Mistook His Wife for a Hat", 1998
116) Steven Johnson, " Mind Wide Open, Your Brain and the Neuroscience of Everyday Life", 2004

에 자리 잡은 영역에 상처가 있는 환자들이 문장의 구조를 전혀 파악하지 못하는 장애를 가진 것을 발견하게 되어 복잡한 인지 능력은 뇌 안의 특화된 다수 영역 간의 연결 때문에 일어나게 된다는 주장을 하게 됐다. 이 주장이 이제는 주류로 자리 잡은 분산형 뇌 구조(distributed cortical system)론의 시작이 됐다. 이 이론은 후에 대뇌피질의 신경세포 간의 연결이 망(網)과 같은 체계(neural network)를 이루게 되고, 여기에 과거의 경험이 저장된 복잡계(complex system)가 구성된 것으로 설정해 놓고 다루는 것으로 발달하게 되는데 이 과정에서 경제학자 하이에크(Friedrich Hayek)의 기여가 컸던 것이 흥미롭다.[117] 하이에크는 원래 경제학자인데 국가 경제에 적용한 복잡계 이론[118]을 해부학적인 증거도 없이 대뇌피질의 네트워크에 적용할 수 있었다는 것이 놀랍다.

뇌의 해부학적 구조에 대한 체계적인 연구는 19세기 말에 카할(Santiago Ramón y Cajal)이라는 화가 지망생[119]이 골기(Camillo Golgi)라는 해부학자가 개발한 특수한 염색기술을 사용하여 신경세포(neuron) 한 개를 완벽하게 그려 냄으로써 시작되었다. 이전까지는 비교적 단순한 모양을 갖는 다른 세포들에 비하여 너무나도 기이한 모양의 신경세포를 이해하는 것이 불가능해 보였으나 카할의 첫 관찰로 인하여 그 모양에 대한 이해와 함께 신경세포 간의 연결에 대

---

117) Joaquín Fuster, "Cortex and Mind, Unifying Cognition", 2003
118) 하이에크는 복잡계 이론을 경제 분야에 적용하여 노벨 경제상을 수상하고 사회체제에 적용하여 "Road to Serfdom"을 저술했다.
119) 카할은 화가가 되는 길이 인체에 대한 바른 이해에 있다고 생각하고 외과의사였던 아버지의 인체해부를 돕다가 해부학자가 됐다.

한 이해도 가능해진 것이다. 카할은 한 개의 신경세포는 세포체(cell body)에 외부로부터의 신호를 전해주는 수상돌기(dendrite)와 외부로 신호를 보내는 축삭돌기(axon)로 이루어져 있는 것을 밝혀내고 이로 부터 ① 신경세포가 뇌 구조의 기본 단위이고 ② 한 신경세포의 축 삭돌기는 다음 신경세포의 수상돌기와 시냅스(synapse)로 연결되고 ③ 한 신경세포는 반드시 정해진 신경세포와 시냅스를 이루면서 특 정한 신경회로(neural circuit)를 구성하고 ④ 신경신호의 전달은 한 방 향으로만 진행된다는 네 가지의 원리를 도출하였다. 이 원리들은 아 직까지도 뇌의 이해를 위한 근간이 되고 있다.[120]

모든 신경세포는 한 개의 수상돌기와 여러 개(~5개로부터 수백개 까지)의 축삭돌기로 구성된다. 축삭돌기는 그 길이가 ~1m(척수 끝에 서 발가락 끝까지의 거리)까지 길어질 수 있으며 그 끝에서는 여러 갈래 로 갈라지면서 여러 개의 수상돌기(한 신경세포와 중복적인 연결도 포함) 와 시냅스를 형성할 수 있다. 수상돌기는 마치 나무 가지와 같이 퍼지 는 구조를 갖는데 이로 인하여 뇌 안의 넓은 영역으로부터 신호를 받 아들일 수 있게 된다. 이렇게 신경세포들은 사슬처럼 길게 서로 연결 되는 구조로 되어 있는데 가장 앞 단의 감각 신경세포(sensory neuron) 는 수상돌기가 피부에 있는 다양한 감각기관에 연결돼 있고 가장 말 단의 운동 신경세포(motor neuron)는 근육이나 선(gland)세포에 연결돼 있다. 단 한 개의 신경세포가 이런 복잡한 구조를 가지면서 앞뒤의 신 경세포와 길쭉한 연결을 이루고 있어서 그 모양이 당시 과학자들에 게 기이하게 보일 수밖에 없었다. 축삭돌기와 수상돌기의 신호 전달

---

120) Eric Kandel, "In Search of Memory, The Emergence of a New Science of Mind", 2006

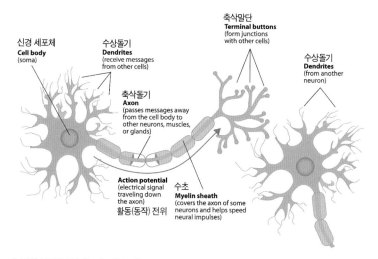

뉴런의 구조와 요소 [Jennifer Walinga]

은 전기적인 작용(전위차)으로 일어나고 시냅스에서는 화학적인 신호 전달이 일어난다. 시냅스는 축삭돌기와 수상돌기 사이에 물리적인 접촉 없이 ~20nm[121]의 간격으로 근접된 시냅스 틈새(synaptic cleft)로 형성되는데 이 틈새를 넘어 옮겨가는 신경전달물질(neurotransmitter)로 신호 전달이 일어나게 된다.

여기까지 설명한 신경세포의 구조는 모든 동물의 신경세포가 공통으로 갖는 구조다. 이제부터는 이로부터 탁월한 인간의 지능을 가능하게 차별화된 뇌 구조가 만들어지는 과정을 간략하게 소개하고자 한다. 이 이야기는 2억 5천만 년 전에 파충류로부터 포유류가 갈라져 나온 사건에서 시작된다. 이때부터 포유류의 대뇌피질은 적층

---

121) 1nm =백만 분의 1mm

되는(layered) 구조로 진화하게 된다. 이 대뇌피질의 각 층에는 신경세포들이 가지런한 기둥 모양(columnar)의 높은 밀도로 채워지고 각 층 간에 매우 복잡한 연결이 만들어지기 시작했다. 이런 진화는 인간에서 6개의 층으로 구성된 신피질(neocortex)[122]이라는 구조로 귀결이 됐는데 이 과정에서 두께도 늘어났지만 많은 접힘으로 표면적이 늘어날 수 있게 됐다. 이로 인해 신피질은 뇌 전체에서 차지하는 부피가 점점 늘어나게 됐는데 인간의 경우 그 비중이 76%에 이르는 것으로 알려져 있다. 앞에서 언급한 분산형 신경망은 이러한 독특한 구조에 연유한 것인데 인간의 언어 능력과 같은 복잡한 지각 능력들이 다 이것으로부터 나온 것이다. 아기로부터 성인까지의 성장기에 이 신피질은 처음의 작고 매끈한 구조가 점점 커지고 주름이 늘어나는 것으로 관찰되고 있다. 이 변화에는 신경세포의 증가보다도 시냅스 증가의 영향이 더 크다는 연구결과도 있어서 미숙한 뇌가 경험과 기억으로 신경망을 만들어가는 nurture의 실험적인 증거로 제시되기도 한다.

결국 신피질의 진화가 학습에 의한 고차원적 인지활동에 결정적인 계기가 됐고 이것이 인간이 다른 동물과 차별이 되는 특징으로 남게 된 것이다. 뇌구조를 바꾸는 진화가 과거에는 자연환경의 변화에 적응하여 쌓인 변이에 의해 수동적으로 일어났다면 이후부터는 뇌의 물리적인 변화가 없이도 독특한 시냅스의 망에 축적된 정보가 창의를 촉발하는 능동적인 변화로 바뀌게 된 것이다. 이로부터는 십만 년 단위의 짧은 시간에도 눈에 띄는 변화가 일어나는 것이 고고학적인 증거로 명확히 밝혀지고 있다.

---

122) 가장 최근의 뇌구조라는 의미에서 '신'/'neo'가 명칭에 포함됐다.

신경세포 간의 모든 연결을 알게 되면 마치 뇌의 회로도를 얻는 것과 같은 것이 될 것이다. 이 회로도에 해당하는 것을 커넥텀(connectome)[123]이라고 부르며 최근 본격적인 연구 대상이 되고 있다. 이 연구는 뇌의 시편을 FIB로 한 켜씩 잘라내면서 인공지능 기술을 이용하여 삼 차원적으로 신경세포의 시냅스를 따라가서 뇌의 회로도를 그려 내는 것으로 진행이 된다. 짐작하다시피 이 과정이 매우 복잡하여 인간의 뇌는 아직 생각도 못 하고(윤리적으로도 어려움이 예상된다.) 신경세포가 300개밖에 없는 C. elegans라는 지렁이와 신경세포가 100,000개 정도인 초파리(Drosophila)[124] 정도만 연구 대상이 되고 있는데 C. elegans의 분석도 완전히 하지 못하고 있다. 이 분야의 권위자로 알려진 승현준(Sebastian Seung) 박사는 이 주제의 강연에서 "I am my connectome."[125]이라는 말을 남겼다. 아직은 인간의 커넥텀을 다 그려 내지 못하고 있어서 가설 수준에 머물러 있을 수밖에 없는 주장이지만 데카르트가 17세기에 '나는 생각한다, 고로 나는 존재한다.'(cogito, ego sum)[126]라고 했던 말의 과학적인 해석이 될 수 있어 보인다.

---

123) Sebastian Seung, "Connectome, How Brain's Wiring Makes Us Who We Are", 2012
124) 이 종은 실험용으로 번식하기가 용이하여 생물실험에 많이 사용된다.
125) Sebastian Seung의 I am my connectome TED 강연을 검색해 보라.
126) 처음에 발표할 때는 이해의 편의를 위해 불어로 'je pense, donc je suis'라고 했다.

D. 사람의 생각은 편견에서 시작된다

앞 절의 뇌 구조의 설명으로부터 내릴 수 있는 중요한 결론은 마음 (mind)과 육신(body)이 별개가 아니라는 것이다. 우리가 흔히 '가슴이 따뜻하다.'라는 식의 표현으로 전하는 느낌은 실제로 가슴 부위의 온도가 올라가는 것이 아니라 본능적이거나 반복되는 훈련으로 일어나는 대뇌의 고차원적인 활동에 의한 것이다. 그러나 과학적 지식이 부족한 우리 조상들이 생각해낸 이분법적인 심신론을 2,000여 년이 지난 21세기에도 많은 사람이 큰 거부감이 없이 받아들이고 있다. 특히 이 현상은 조직적인 종교에서 두드러지게 나타나는데 과거에 국가조직과 연계되어 사회 전반에 대한 지배력이 상당히 컸던 시절에 과학 분야에서 나오는 지식의 보편화에 부정적인 요인이 되기도 했다. 이 문제는 뒤에 다시 다루기로 한다.

뇌 구조에 대한 과학적인 이해의 발달은 19세기 말에서 20세기로 넘어오면서 프로이트(Sigmund Freud)와 융(Carl Jung)과 같은 사람들이 무의식의 정신세계를 과학의 대상으로 삼는 것으로 이어져서 정신분석학(psychoanalysis)이 학문으로 자리를 잡게 됐다. 무의식의 세계는 앞에 언급했던 포유류의 신피질에 태생적으로 실린 신경망에 의한 사고와 행동을 말한다. 동물 세계에서 보이는 생존과 직결되는 본능적인 행동들과 우리의 영유아들이 아무런 가르침도 없이 보이는 귀여운 재롱들이 다 여기에 해당한다. 여기에 성장기 동안의 학습으로 신경망의 증강이 일어나면서 특별히 뛰어난 구조의 신피질을 가진 인간은 풍부한 의식세계를 열어가게 되는 것이다. 이것이 수만 년이라는 짧은 시간에 우리의 찬란한 문명을 일으키게 한 원동력이다.

이렇게 탁월한 지능을 가진 우리가 일상의 중요한 결정을 하면서 본능에 이끌려 반복적인 오류를 범하고 있음을 최근 심리학자들이 체계적인 연구로 밝혀내고 있다.[127] 이 연구들은 우리의 일상적인 생각이 상당히 비논리적인 과정으로 일정한 편향을 나타내면서 이루어지고 있다는 것을 밝히고 있는데 우리 마음속의 구조적 편향성 몇 가지를 소개한다. 확증 편향(confirmation bias)이라는 것은 이미 믿고 있는 것을 받쳐주는 것에 대한 편향적인 믿음을 말한다. 수많은 정보 중에 평소의 신념과 부합하는 것이 눈에 더 잘 띄게 된다는 것인데 흔히 '보고 싶은 것을 보고 믿고 싶은 것을 믿는다.'라고 하는 말이 이것을 두고 하는 말이다. 이 밖에도 자기가 가지고 있는 것에 대한 가치를 더 높이 평가하게 하는 소유 효과(endowment effect), 조금 더 기

---

127) Michael Lewis, "The Undoing Project, A Friendship that Changed Our Minds", 2017.

다리면 더 큰 보상을 얻을 수 있음을 알면서도 당장 손에 쥘 수 있는 것을 선호하는 현재 편향(present bias), 이미 일어난 일에 대하여 처음부터 그렇게 될 줄 알고 있었다고 착각하는 사후 확신 편향(hindsight bias) 같은 것도 있다. 사람들은 도박이나 투자를 할 때 이런 편향적인 사고를 하면서 그 결과에 대한 판정도 같은 기저에서 하기 때문에 같은 실수를 반복하게 되는 것이다. 대니얼 카너만(Daniel Kahneman)[128] 이라는 이스라엘 출신의 심리학자는 이스라엘의 군에서 실시하는 진급 면접에서 이런 오류가 개입되는 것을 발견하고 이것을 이론적으로 발전시켜 사람들이 경제적인 의사결정을 하는 심리과정을 분석한 공적으로 노벨 경제학상을 받았다.

우리가 일상생활을 하면서 무의식으로 하는 사고는 대부분 사소한 것들이다. 그런데 사소하다고 하여 그 모두가 중요하지 않다고 할 수는 없다. 왜냐하면, 그중 많은 것들은 기존의 편향적인 바탕에서 이루어지는 사고의 결과로 그 편향성을 더욱 강화하는 양성 피드백(positive feedback) 효과를 유발하기 때문이다. 이것이 우리의 먼 조상들에게는 생존력을 더욱 향상시키는 방향으로 작용했지만, 요즘에는 정치권에서 자행하는 편 가르기 현상의 주요한 터전이 되고 있다. 위에 소개한 카너만 박사의 해석을 믿는다면 중요한 결정에는 직감에 의한 fast thinking보다는 합리적 이성에 의한 slow thinking의 비중을 더욱 늘려야겠다는 생각을 하게 된다. 이것이 편견에서 시작된 생각이 합리적인 판단으로 맺어지는 길이 될 것이다.

---

128) "Thinking, Fast and Slow"라는 저서로 유명하다.

VIII. 감정과 표정이 언어가 되다

동물들은 단순한 언어만 가지고 있나요?
Do animals just have simple languages?
한 초등학생

이 문장을 읽고 있을 때, 여러분은 자연계의 경이로움에 참여하고 있습니다.
**As you are reading these words, you are taking part in the wonders
of the natural world.**
스티븐 핑커 Steven Pinker

언어는 우리에게 추상적 사고와 고도로 발달된
두뇌를 제공했다.
**Language gave us abstract thought and a highly
developed brain.**
데릭 비커턴 Derek Bickerton

A. 언어가 사람을 낳는다

말은 집에서 부모에게 배웠지만 복잡한 생각들은 글을 통해서 배웠기 때문에 '언어'라는 것에 대해서는 그 중요성을 별로 생각하지 않고 문자와 글을 더 중요하게 생각했던 것 같다. 그런데 정작 인간이 인간으로 살아가게 한 것은 문자가 아니라 언어였다. 아이들이 말을 먼저 익히기 시작하고 문자는 나중에 배우는 것을 보고 언어가 더 단순하고 배우기가 쉬워서 그런 순서가 정해진 것으로 생각하면 착각이다. 성인이 되어 외국어를 배우는 것을 생각해 보면 문자는 한 달도 안 되어 익힐 수 있지만 말은 몇 년이 지나도 제대로 못 하는 것으로도 언어와 문자 사이의 복잡성 비교가 가능하다. 그렇다고 중요도에 대한 기준을 복잡성으로만 따질 수는 없는데 고차원적인 생각을 할 때는 머릿속의 생각이 언어적으로 진행되는 것을 느낄 수 있어서 언어적 지각능력이 의식적인 사고와 밀접한 관계가 있을 것으로 미루어

볼 수 있다.

문자는 구석기 시대의 동굴벽화나 뼛조각이나 토기에 새겨진 상징적 기호의 과정을 거쳐서 고작 ~6천 년의 역사를 가진 반면 언어는 비록 물리적인 증거는 없지만 수십만 년 전의 어느 시조 인류로부터 시작됐을 것으로 생각하고 있다. 처음에는 일부 포유류에서 흔히 찾을 수 있는 비언어적 소통과 외마디의 음성 메시지에서 시작했던 것이 곧 자음과 모음으로 복잡하게 발음을 하는 말하기(speech) 능력이 생기고 단어와 문장(syntax)을 다루는 능력도 갖추게 됐다.[128] 아마도 인류가 동물과 구별이 되어 사람이 되는 것에는 두 발로 걷고 두 손으로 물건을 잡을 수 있는 능력보다는 이 언어능력을 갖추게 된 것이 결정적인 계기가 됐을 것이다. 커진 대뇌 덕분에 언어능력이 생기고 그것이 더 깊은 사고와 학습을 가능하게 하여 지속해서 더 높은 인지 능력을 제공할 수 있는 뇌 구조의 진화가 가능하게 됐다.[129] 이로부터 다양한 생존의 방편들이 만들어지게 되어 이것들을 후대에 전수하여 앞세대의 유산을 발판으로 학습의 시작점을 점점 높여가는 계기를 반복적으로 제공하게 했다.

촘스키는 1950년대에 히브리어의 문법구조를 분석하여 복잡하고 정교한 언어의 일반적인 구조에 대한 이론을 정립하여 발표했다. 방대한 연구의 논리가 워낙 정연하여 그의 명성과 함께 언어학 부문에서는 그야말로 난공불락의 요새를 구축하여 아직도 그가 근무했

---

128) Christine Keneally, "The First Word, The Search for the Origins of Language", 2007

129) Derek Bickerton, "Adam's Tongue, How Humans Made Language, How Language Made Humans", 2009

보노보 유인원을 연구하는 동물학자 수잔 세비지 럼보는 훈련을 통해 보노보 칸지(가운데)가 수화를
통해 의사소통을 하고, 도구 제작, 불 피우기 등을 할 수 있다고 한다. [위키피디아]

던 MIT 주변에서는 상당한 영향력을 유지하고 있다. 그는 이 이론을
바탕으로 하여 인류의 언어는 고정된 문법적 구조를 갖추면서 통째
로 유전적으로 형성되었다는 주장을 하고 이것을 보편문법(Universal
Grammar)이라고 불렀다.[130] 그런데 제인 구달(Jane Goodall)이나 수잔
새비지 럼보(Suesan Savage-Rumbaugh)와 같은 영장류학자(primatology)
들의 노력으로 동물도 인간보다는 아주 낮은 차원이더라도 소통을
할 수 있을 뿐만 아니라 특별한 훈련을 하면 사람과 아주 초보적인
언어적 소통을 할 수 있음이 밝혀짐으로써 이제는 언어 자체도 진화
를 하였다는 사실이 정설로 받아들여지면서 보편문법론에 흠집이 나
고 있다. 원시 단계로부터 사물에 대한 관념, 단어, 표정과 손짓·발
짓, 발성을 거쳐서 문장의 구조에 이르는 순서로 언어의 진화가 일어

---

130) Steven Pinker, "The Language Instinct, How the Mind Creates Language", 1994

났고 이 과정은 독특한 인간의 뇌에 기인한 것이라는 것이 최근 언어학 부문에서 주류를 이루고 있다. 즉, 언어의 탄생은 인류의 생활 발전에 기여하고 이것이 뇌 구조의 지속적인 진화의 길을 열어주어 점점 더 고급스러운 언어능력으로 이어지게 된 것이다.

B. 시조 인류의 원시언어

현대의 언어가 워낙 복잡하기 때문에 이것보다 훨씬 단순한 가상의 언어를 생각해 볼 수 있다. 어휘와 문장구조가 제한적이어서 지능이 낮은 동물들도 익힐 수 있는 수준의 가상언어 존재 가능성을 생각해 볼 수 있는데 아직은 이런 증거가 발견되지 않고 있다. 오히려 인간사회에서 수화나 게임의 규칙이나 컴퓨터 프로그래밍 언어 등에서 이런 것의 후보를 찾을 수 있는데 상징적(symbolic) 표현이 결여돼 있어서 현대언어와 같은 차원에서 생각할 수가 없다. 비 상징적 사고는 사고의 대상과 머릿속의 아이디어가 1:1의 대응을 이루는 상태를 말한다. 따라서, 눈앞에 보이는 사과는 사과로 밖에는 인식할 수 없다. 반면에 상징적 사고로는 같은 사과가 먹는 과일에 그치는 것이 아니라 에덴동산의 선악과를 의미할 수도 있고 동요에 나오는 원숭이 궁둥이를 연상할 수도 있게 된다. 이렇게 상징적인 사고는 대상과 머릿속 상징 간의 연관이 복합적으로 이루어지고 그런 상징 간의 복합적인 연관도 가능하므로 복잡한 정보를 함축적으로 표현할 수 있어서 경제적인 의사 전달이 가능하게 한다.

한편, 언어의 구조는 부모들이 특별히 어학을 잘 가르치는 능력이 없더라도 뇌가 미숙한 어린아이들도 간단한 시행착오를 통해서 숙달할 수 있도록 진화하였다. 언뜻 보기에는 복잡한 문법 규칙들이 사실은 아이들이 금방 따라 할 수 있을 정도로 반복적인 바탕 위에 만들어져 있고 기억용량이 크지 않은 시절에 익힌 적은 수의 어휘만으로도 상당히 풍부한 의사 전달을 할 수 있다. 그뿐만 아니라 성인이 되어 어휘가 많이 늘어나고 더 고급스러운 문법 규칙들을 배워도 어릴 적에 익힌 문법 규칙에 그대로 얹어서 사용할 수 있는 특징이 있다. 아마도 원시언어도 기본적으로 우리 아이들이 구사하는 언어구조를 가지고 시작해서 앞장에서 소개했던 인류의 뇌 발달과 상호작용을 하면서 진화하여 상징적 사고를 기반으로 하는 현대의 발달한 언어구조가 만들어졌을 것이다.[131]

한편, 상징적 사고는 가상의 것을 다룰 수가 있어서 눈앞에 있지 않은 과거의 경험을 이야기로 만들기도 하고 한 번도 경험한 적이 없는 미래의 일을 가상으로 그려 내기도 할 뿐만 아니라 사실과 완전히 다른 거짓을 꾸미기도 한다. 그런데 이 능력은 말하는 자에게만 국한한 것이 아니라 듣는 자도 그 가상의 세계를 나름대로 공유하면서 이해하게 한다. 누구나 어릴 적부터 즐기는 옛날이야기나 여러 장르

---

131) Terrence Deacon, "Symbolic Species, The Co-evolution of Language and the Brain", 1997

의 문학과 남을 설득하기 위한 연설은 물론이고 자신에게 유리하도록 남을 속이는 행위도 다 이것에서 유래한다. 인류는 공동생활을 하면서 이런 다양한 소통 기능을 만들어 내어 전체적인 생존확률을 높일 수 있었던 것으로 여겨진다. 이제는 지구의 어느 구석에도 안 가본 데가 없다고 생각할 정도로 인류학자들이 구석구석을 찾아다니면서 현대 세상과 접촉을 거의 하지 않는 원시 부족들을 만나봤는데 아직은 말이 없는 언어장애인 부족은 한 번도 보지 못했다고 한다. 우리나라의 유명한 동물학자 최재천 교수 강연을 들은 적이 있는데 진화론적으로는 모든 소통(communication)의 핵심이 듣기가 아니라 말하기라고 하는 것을 들은 적이 있다. 어디선가 수집한 정보를 전해야 하는 기능적인 필요성 때문에 시작이 됐지만 언젠가부터는 그저 말하는 것이 재미있어서 하는 일도 있었지 않았을까 하는 생각이 든다. 많은 사람이 사용하는 SNS에 댓글 기능이 없으면 그것을 사용할 사람이 얼마나 있을까?

C. 발성의 비밀

소통의 내용이 어떻게 상징화 과정을 거치고 일정한 규칙을 갖는 문장으로 엮이게 됐는지를 살피는 것 못지않게 중요한 것이 음성으로 만들어내는 말하기가 어떻게 일어나는지도 중요하다. 인간의 이 능력에도 다른 동물에서 발견되지 않는 특징이 많이 있다. 앵무새나 일부 포유류 중에서 사람의 짧은 말을 흉내 내는 일이 있기는 하지만, 의미 있는 메시지가 담기지 않았음은 물론이고 발성도 인간보다 매우 유치한 수준이다. 여기서 이것에 대해서 잠시 살펴보기로 한다.

조류에는 짝짓기나 위급한 상황에 꽤 복잡한 소리를 내는 새들이 있어 이것을 사람들은 '노래를 부른다.'라고 시적으로 표현하기도 한다. 조류와 포유류 등의 척추동물에서 소통 기능은 움직임을 조절하는 기능을 갖는 중뇌의 지배를 받는다. 이 움직임에는 의도적으로 일정한 지향성을 가지고 지체를 움직이는 행위도 포함되지만 무의식

중에 일어나는 내장의 움직임도 포함한다. 인간의 발성은 중뇌와 전두엽 사이의 독특한 연결을 통해 의식 속의 생각을 거의 무의식적으로 문장으로 구성하여 완전히 무의식으로 일어나는 내장의 움직임으로 바꿔서 일으키는 행위이다. 여기에는 폐와 횡경막을 비롯하여 성대, 혀와 입술과 얼굴의 여러 근육이 폭넓게 사용된다. 예컨대, 모음에 해당하는 여러 소리는 구강의 모양을 조절하여 공기의 공명을 변화시킴으로써 구현되고 자음에 해당하는 여러 소리는 공기의 흐름을 1/1,000초 단위로 조절하여 구현되는 것이다. 여기에 성대의 모양을 바꾸면서 떨림의 주파수를 바꿈으로써 억양의 변화까지 얹어서 같은 문장으로도 설명, 의문, 명령 등의 소통 목적까지 구분할 수 있게 된다. 이런 기본적인(!) 발성의 기능들의 첨점(添點)에는 우연한 부산물일 수도 있는 노래 부르기까지 있다.

인간의 발성과 관련하여 어떻게 보면 사소할 수 있는 해부학적인 특징이 있는데 이것은 성대가 다른 동물들에 비해 구강에서 목구멍 쪽으로 상당히 멀리 위치해 있다는 것이다. 이 차이 때문에 사람에게만 특별한 공명 구조를 형성하여 훨씬 다양한 음성을 만들어내게 한다. 어린아이와 어른의 음성을 비교함으로써 이 현상의 폭을 가늠해 볼 수 있는데 우리는 태어날 때 성대가 다른 동물과 같이 입과 가까운 곳에 있다가 성장 과정에서 점점 깊은 곳으로 이동하면서 변성이 일어나게 된다. 이 때문에 아기들은 다양한 발성을 하지 못하고 옹알이 소리를 내게 되는데 어른들에게는 이 단순한 소리를 귀여운 것으로 여기게 된 것도 진화의 한 과정에서 얻게 된 행운의 부산물일 것이다. 이런 진화가 일어난 것을 두고 더 풍부한 발성을 내기 위한 방향성을 가정할 수 있겠으나 사실은 매우 우연한 현상이었다. 오히려 이 때문에 숨쉬기와 음식 삼키기가 일어나는 경로가 목구멍 깊숙한 곳까지 연장되어 물을 마시다 물이 기도로 넘어가서 사래가 걸리는 일도 종종 생기고 심지어는 음식물을 잘못 삼켜서 질식으로 목숨을 잃는 일도 벌어진다. 이 진화는 위험한 부작용에도 불구하고 소통에 유용한 기능을 가져와서 유인원류와 달리 인류에 아직까지 남아 있게 되었다. 사람다워지는 길은 이렇게 목숨을 거는 위험한 길이었다.

D. 불이 언어를 낳게 된 까닭

진화 자체는 우연에 의한 현상이지만 특정한 진화의 계기를 살피는 것은 의미가 있다. 인류의 뇌가 언어능력을 지향하여 발달한 것은 아니지만 에너지 소모가 많은 뇌가 커지기 위해서는 그것을 일상적으로 허용하는 영양분 섭취의 변화가 있어야 했다. 인류에게 이 변화는 인류의 조상이 나무에서 내려와 사는 것에서 시작되었다. 무성한 숲의 나무 위에서 살 때는 과일과 나뭇잎을 먹고 살았는데 과일은 맛도 있고 열량도 많지만 익는 철이 따로 있어서 나뭇잎이 주식이었다고 볼 수 있다. 그것이 땅속에 열량이 많이 저장된 식물을 찾아 먹기 시작하면서 크게 바뀌기 시작했다. 인류의 첫 시조로 간주하는 Homo erectus가 살던 것은 2백만 년 전의 일인데 외모로는 인류보다는 원숭이에 훨씬 가까운 Australopithecus(~6백만 년 전)에 비하면 비슷한 체구에도 두개골의 뇌용량이 450cc에서 870cc 정도로 현저히 커졌다.

석기 시대 동굴 거주 생활 상상화. 동굴 안팎에서 불을 피우고 있다. [빈 자연사 박물관]

반면에 치아나 구강 구조와 소화기관은 작아진 것으로 나타나는데 에너지 소모가 많은 뇌를 지탱하기 위해서는 많은 열량을 섭취하기 위한 식습관에 상당한 변화가 있었을 것이라는 짐작을 할 수 있다.[132]

짐작해 볼 수 있는 변화 몇 가지의 예를 들어본다. 우선은 식물의 뿌리 부분을 캐 먹는 것이다. 식물 중에는 광합성으로 만들어진 탄수화물을 땅속의 뿌리와 줄기에 저장해 놓는 것들이 많은데 이런 뿌리와 줄기들은 맛이 좋을 뿐 아니라 소화에 많은 에너지가 소요되는 섬유소의 비율이 낮아서 커진 뇌의 유지에 도움이 됐다. 야생의 침팬지들에서도 발견되는 육식 습관[133]은 이때 와서는 돌 연장을 사용하

---

132) Richard Wrangham, "Catching Fire, How Cooking Made Us Human", 2009
133) 다른 동물이나 침팬지의 새끼들을 잡아 먹는다.

여 질긴 부위를 잘게 자르고 연하게 두드려 먹게 됨으로써 씹기에도 편해지고 소화에도 도움이 되었다. 이전에는 고기를 먹을 때 주로 내장, 간, 뇌와 같이 부드러운 부위에 치중했는데, 이 제약으로부터 자유로워지면서 육식의 비중을 높일 수 있었다. 희한하게도 이때 생고기를 나뭇잎에 싸서 먹었던 흔적들을 발견한 학자들이 나뭇잎에 의한 마찰력으로 씹기에 도움이 됐을 것이라는 주장을 하기도 하는데 쌈 싸먹기에 익숙한 우리로서는 쉽게 수긍이 가는 이론이다. 마지막으로, 불로 음식을 익혀 먹기 시작한 것이 진화론적으로 인류의 뇌 성장을 이끈 화룡점정과 같은 사건이었던 것 같다. 불로 익힌 음식은 맛도 좋을 뿐 아니라 소화에 훨씬 이롭기 때문이다.

이렇게 탄수화물과 육식의 비중을 늘리고 음식을 익혀 먹는 변화의 결과로 진화에 의한 뇌의 성장 속도보다 높은 열량을 섭취하게 되는 식습관의 변화 속도가 훨씬 빨랐을 것이라고 쉽게 짐작할 수 있는데, 결론적으로 섭취된 열량에 비하여 뇌의 용량에 잉여분이 생기는 과도기적 현상이 나타나게 됐다. 이때 남는 용량을 퇴화시켜서 에너지 효율을 높이는 방향으로 진화할 수도 있었고 이 용량을 다른 용도로 전용하여 색다른 적응력을 키울 수도 있었을 텐데 인류는 후자의 길[134]을 가는 행운을 누리게 되어 지각능력에 현저한 변화를 가져오는 부작용(副作用)[135]을 일으키게 됐다. 이 중의 하나가 이 장의 주제인 언어능력으로 꽃을 피우게 된 것이다.

---

134) 전자의 길을 간 조상들은 경쟁에서 저서 멸종했을 것이다.
135) 한자로 아닐 不나 좀가 아닌 다음 또는 버금 副가 쓰인다. 영어로도 negative effect가 아닌 'side' effect라고 한다.

불의 사용은 이것이 가져온 변화가 너무 많아서 몇 가지를 간략히 언급하고 다음으로 넘어가기로 한다. 불의 사용이 언제부터인지를 정확히 알기는 어려우나 Homo erectus가 불을 사용한 흔적이 많이 발견되고 있다. 불을 무서워하면서도 그 불을 조절하는 능력(불 피우기와 살리기)을 터득한 인류의 시조는 밤에 추위를 피하고 야생의 포식자로부터 보호받을 수 있음을 깨닫고 땅바닥에서 자는 습관을 지니게 됐다. 피부의 털도 이때부터 줄어들기 시작했을 것으로 짐작된다. 자연히 불 주위에 모여 살기 시작하게 되고 거처를 고정하고 성인 남자들은 집단으로 사냥에 나서고 여자들은 불 관리와 요리를 하는 노동의 성적(性的) 분업과 함께 가족제도의 근간이 형성됐던 것으로 생각된다. 20세기 이후에 사회적으로 큰 문제로 아직도 사방에서 작지 않은 다툼의 소재가 되는 남녀평등 문제가 이렇게 오랜 뿌리를 가지고 시작한 것으로 생각하게 되면 이 문제의 해결이 이렇도록 길고 어려운 과정을 거치는 것이 이해되기도 한다.

여기에서 불의 사용과 연관하여 짐작할 수 있는 여성 조상의 기여를 생각해 보자. 초기에 불의 관리를 맡은 여성들이 불 주변에서 떨어져 있는 음식 조각들을 주워 먹으면서 음식을 익혀 먹는 생각을 했을 것이고 불에 직접 굽기보다는 평평한 돌에 얹어 굽거나 우묵한 용기에 담아 익히는 방법을 알아내면서 진흙을 빚어서 용기를 만드는 재주도 터득하게 됐을 것이다. 또한, 불을 중심으로 하여 거처가 고정되면서 지나가는 사람과의 거래도 이루어지게 되고 주변의 먹을 만한 식물들의 성장을 관찰하면서 농경의 시초가 되기도 했을 것이다. 넓은 테두리에서 여성은 인류의 과학, 상업, 농업의 선구자였던 것으로 추정할 수 있다. 특정 상황에서 생존을 위하여 노동의 분업이 지워진 것이지 선택에 의한 것이 아니다. 시절이 바뀐 현대에는 변화에 적합한 형태의 가족제도와 분업을 찾아야 함을 간과하고 원시의 모습을 되살려야 한다고 주장함은 사고의 게으름에서 오는 무지의 소치에 불과한 것이다.

IX. 전통이 만들어지다

산다는 게 뭔가. 내 이야기 하나 보태고 가는 것이 아닌가.

이어령

다른 사람이 되려고 하지 마세요.
Stop trying to be somebody else.

아델 Adele [I Drink Wine]

A. 관습이 전통이 되고

모여 사는 것은 같이 사는 사람에게 개인의 버릇이 큰 훼방이 되지 않으면서 살아가는 방법을 배우는 계기가 된다. 남이 무엇인가 혼자 하느라고 쩔쩔매는 일을 도와주면서 서로의 관계를 돈독하게 만드는 것도 배우게 된다. 일반적으로 이것을 잘하는 사람은 사랑과 존경을 받지만 잘하지 못하는 사람은 미움과 멸시를 받게 된다. 공동 이익의 극대화를 위하여 개인적 이익의 일부분을 희생하는 타협을 하는 것이 윤리의식의 시작이 될 것인데 이것은 넓게 보면 소속한 집단의 질서 유지를 중시하는 생각에서 비롯되는 것이다. 사회성을 띤 일부 곤충 세계에서 보이는 기계적인 분업화(eusociality)[136]와 같은 극단적인 예도 있지만 집단생활을 하는 일부 포유류에서도 본능적으로 이런 협동 관계를 맺고 사는 예를 흔히 관찰할 수 있다. 대표적으로 침팬지

---

136) Edward Wilson, "The Social Conquest of Earth", 2012

들이 서로의 몸에 있는 이를 잡아주면서 동족애를 키우는 과정을 보고 이런 행위를 tit for tat이라고 부르게 됐다. '네가 내 이를 잡아주면 내가 나중에 네 이도 잡아 줄게.'와 같은 의미가 집단의식에 본능적으로 공유된 것이다. 이것은 곧 '나 귀찮게 하면 너도 나중에 귀찮아 질 거야.'와 같은 생각처럼 앞의 자발적인 규율을 강화하는 구속적인 규율이 추가되는 것으로 이어졌을 것이다.

다윈의 "종의 기원"이 출판된 후에 동물의 행동과 특히 일부 곤충들의 복잡한 사회생활에 대해 자연선택에 의한 진화를 적용하는 연구는 많이 발표되었는데 인간의 심리에 이 이론을 적용하기에는 적어도 100년 이상이 걸렸다. 엘리트 교육과 종교적 신념으로 다져진 사회적 규범은 절대적으로 존엄한 인간을 과학적 연구의 대상으로 삼는 것을 허락하지 않았던 것 같다. 그래서 동물의 세계에서 관찰되는 다양한 행동들이 자연법칙의 지배를 받는 유전자의 진화에 의한 것이라는 결론을 내리고도 인간의 세련된 사고와 행동들은 교육과 전통에 의해 움직여지는 것이라는 믿음을 낳게 했다. 즉, 생명 자체는 생물학적으로 설명이 돼도 우리의 모든 심리는 진화 과정에서 잘려 나와 마치 빈 서판(blank slate)에 쓰이듯이 문화적 체계에 의해 길든다는 생각이 지배하게 됐다. 1970년대에 이르러서야 E.O. 윌슨과 리처드 도킨스 같은 이들의 연구 결과로 새로운 세계가 열리게 됐다. 이 이후 심리학 부문에도 과학적 연구가 도입되기 시작하여 예를 들어서 '인간에게 일부일처제가 태생적인가?', '정치계에서 동맹과 적대 관계의 진화론적 근거는 무엇인가?', '우리에게 양심은 어떻게 형성됐는가?', '인간사회의 계급체계는 내재적인가?', '부모들은 무엇을 바라고 자식들을 양육하나?' 등과 같은 질문들을 과학적 탐구의 대상으로 삼게 됐고 인간의 심리에 대한 생물학적 해석을 얻는 데 성공했다.[137] 이런 연구 결과를 바탕으로 황금률(Golden Rule)[138]이라는 멋진 이름으로 부르는 규범의 뿌리는 동물 세계의 tit for tat과 근본적으로 다름이 없는 것이었다는 결론을 내릴 수 있다.

단, 인간의 경우에는 생물학적 진화의 속도보다 사회 변화[139]의 속도가 워낙 빠르다 보니 본능에 의한 통제를 초월하는 규율의 필요성이 대두했다. 안정을 추구하는 것이 예나 지금이나 본능적인 욕구였을 테니 소모적인 다툼을 줄여서 일정한 질서를 유지하기 위한 관습들이 만들어졌을 것이다. 이것이 앞 장에서 다룬 언어능력과 그것의 부산물로 자라난 사고력 덕분에 어른 세대가 아이 세대에 전해줄 콘텐츠(contents)로 묶여서 본능적인 충동을 넘어서는 관습으로 남겨지게 됐다. 우리가 어릴 적에 할머니 할아버지에게서 듣던 옛날이야기들과 옛 동화와 우화들은 그 바탕에 이런 것들의 씨앗이 깔려 있다. 이 이야기들은 뿌리 깊은 윤리의식을 담고 있어서 바른 생활에 대한 간접적인 지침서로 세대를 초월하여 전해지게 됐는데 넓게 퍼져 사는 수많은 민족이 들려주는 옛이야기들이 담고 있는 핵심적인 주제들이 서로 닮아 있는 것이 놀랍다. 이것은 집단에 속해 있으면서 자기와 남의 관계를 놓고 극단적인 이기심을 포기하고 공동의 이익을 도모하는 이타심을 내세우는 지혜를 담아서 공동체의 생존에 도움이

---

137) Robert Wright, "The Moral Animal, Why We are the Way We are", 1994
138) '남으로부터 대접받고자 하는 대로 남에게 대접하라.'라는 의미의 규범.
139) 생물 세계의 진화 개념을 사회적인 문제에 그대로 도입하는 것은 적합하지 않다는 생각에 변화라는 구별된 단어를 사용했다.

되기 때문일 것이다.

　이런 관습들은 집단의 질서 유지에 이해관계가 가장 크게 얽혀 있는 우두머리의 의지에 따라 규범으로 굳어지고 전통으로 남아서 문자의 발명과 함께 구전으로 전해지던 것이 성문화된 법률로 정리되는 과정을 거치게 된다. 이타심으로 시작하여 점점 강제력을 띠게 되는 것이 역설적인데 이것이 인류 역사의 발달 과정인 것이다. 관습은 본능적으로 발휘되는 이타심으로부터 나왔는데 전통은 특정 조직의 존속을 꾀하는 엘리트가 일정한 목적을 가지고 세운 것이다. 모든 전통은 이렇게 일정한 목적으로 만들어지는(invented) 것이다.[140]

---

140) Eric Hobsbawm, Terrence Ranger, ed., "The Invention of Tradition", 1983

B. 종교가 인류사회 질서의 뿌리가 되고

친가 쪽으로는 3대째, 외가 쪽으로는 4대째 기독교 가정에서 '모태신앙'으로 태어난 필자로서는 이 부분이 가장 접근하기가 어려운 부분이었다. 어릴 적부터 기독교적 가르침이 몸에 뱄었고 멀지 않은 조상들의 신앙생활에 얽힌 영웅적 에피소드들도 많이 듣고 자라면서 그런 조상들에 대한 긍지도 가지게 됐다. 그러나 하필이면 호기심이 많게 자라나게 된 바람에 청소년 시절부터 교회에서 가르치는 내용의 세부 사항에 대해 회의하기 시작하여 마침내 울타리 너머의 세계를 넘나들기 시작하면서 지금의 이 작업 기초가 되는 싹이 트기 시작했으니 필자로서는 이 부분이 이 책의 핵심 중 하나라고 말할 수 있다. 필자를 오래전부터 알고 있는 가족과 친척들이나 교회 생활을 열심히(?) 하는 것을 봐온 사람들에게는 일반적인 신앙인과는 조금은 다른 모습을 보면서 비슷한 짐작을 한 분들도 있겠지만 이 자리를 빌려 처음으로 확실히 밝힐 것은 필자는 무신론자라는 것이다. 그러면서도 현대사회에서 교회 또는 광의의 종교기관이 할 일이 분명히 있다는 견해를 가지고 있어서 굳이 자신을 스스로 '기독교적 무신론자'라는 다소 모순적인 칭호[141]로 자처하고 있다. 개인적인 사정을 하나 더 부언하자면 기독교에 대한 개인적인 회의를 해소하는데 결정적인 계기가 두 번 있었다는 것이다. 하나는 서강대학 4학년 시절에 고고학 전문가인 교황청 소속의 외국인 신부(성함은 잊었음)의 구약성서 고고학에 대한 특강을 수강한 것인데 그때의 강의와 교재의 내용은 구약성서에 기록된 '역사'의 신화적인 요소를 파악하는 데 큰 도움이 됐다.[142] 또 하나는 지금으로부터 한 40년 전에 Time 지에 실린 역사적 예수에 관한 기사를 읽은 것인데 비슷한 시기에 미국 출장 중에 한 작은 서점에서 우연히 발견한 책에서 Jesus Seminar라는 단체에 관한 책[143]을 발견한 것이다. 이 책을 읽은 충격으로 상당 기간을 혼자 고민을 하고 있을 때 당시 감리교 신학대학교를 거쳐 Emory 대학에서 신학박사 과정에 있었던 고 안석모 목사가 중요한 방향 제시를 해주어 지금에 이르게 됐다. 이제부터 본론으로 들어간다.

인류는 기상과 천문의 규칙성은 알아냈으나 그 원인을 알지 못하여 사실은 같은 범주에서 일어나는 홍수, 화산, 지진, 가뭄 등과 같

---

141) 기독교적 무신론자와 무신론적 기독교인이라는 두 가지를 놓고 생각을 하다가 뉘앙스의 차이를 놓고 전자를 선택했다.

142) Bernhard Anderson, "Understanding the Old Testament", 1975

143) Russel Shorto, "The New Image of Jesus Emerging from Science and History, and Why It Matters", 1997

은 돌발적인 자연 현상은 초자연적인 것으로 해석하게 됐다. 이것이 죽음에 대한 원시적인 인식과 결합하여 초월적 존재에 대한 원시 신앙이 태어났다.[144] 원시 신앙의 세계에서는 개인적인 행동의 옳고 그름이나 사회정의 등에 관해서는 관심이 없었다. 오직 이해할 수 없는 현상들에 대한 설명에만 관심이 있었고 그것을 그럴듯하게 해석하는 사람이 있으면 그를 절대자와 영적으로 소통하는 사람으로 생각하게 됐다. 또, 원시시대에는 꿈에서 보이는 것들을 매우 신기하게 여겨서 그것들을 절대자의 계시로 생각했는데 21세기에도 일반인들에게 유사한 흔적이 있는 것을 보면서 본능적인 심리의 끈질긴 힘을 가늠해 볼 수 있다. 과학이 없는 원시시대에도 일상적인 기상 예측이 어느 정도는 가능했을 텐데 이 지식을 바탕으로 다른 부문의 일상에 대한 예지력도 있는 것으로 인정받는 사람은 그 재능으로 특별한 지위를 누리게 됐을 것이다. 인류학에서는 이런 사람을 샤먼이라고 부르고 있다. 샤먼 중에는 부족의 중요한 결정에 개입하면서 족장의 역할도 겸하는 사람도 있었을 것인데 이것이 후일 정치제도의 발원이 됐을 것이라는 주장도 있다.

샤먼들은 그들의 권위가 인정받게 되면서 자연히 자신과 부족의 우두머리 세습이나 후계 구도에 대한 영향력을 발휘하면서 권위에 부합하는 특별한 의식절차(ritual)를 만들게 됐을 것이다. 단순하지 않은 의식을 익숙하게 치를수록 샤먼으로서의 전문역량에 대해 과시도 할 수 있게 되고 고객이나 부족원들은 제대로 서비스를 주고받았다는 상호 간의 믿음이 생기게 됐을 것이다. 이런 것들은 곧 전통

144) Robert Wright, "The Evolution of God", 2009

으로 자리 잡게 되어 전통 자체가 신성함(sacred)과 같은 가치를 갖게 됐다.[145] 이런 과정을 거치면서 원시적인 신앙은 정형화된 종교의 형식을 갖추게 되고 시간상으로 수명이 길어지고 지역적으로 넓게 전파되는 현상을 보이게 되면서 통일된 메시지를 담기 위한 설화들이 만들어지게 된다. 농경사회가 점차 뿌리를 내리면서 지역마다 서로 다른 신을 믿게 되었는데 전쟁이나 경제와 문화의 우월성을 바탕으로 영토의 확장이 일어나면서 처음에는 여러 신을 같이 모시다가 점차로 여러 신 간의 서열이 매겨지고 나중에는 아예 유일신으로 단일화하는 과정을 거치게 된다. 이때 이 유일신을 주인공으로 하는 창조설화가 만들어지게 되고 사회의 복잡화 과정에 병행하여 만들어진 윤리적 규범도 절대자의 계시에 의한 것이라는 믿음으로 종교 안으로 흡수되는 현상도 일어나게 된다. 이로 인하여 법의 전통은 종교조직의 테두리 안에서 만들어지게 되어 마치 왕권이 신의 계시로 세워진 것이라는 논리가 보편적으로 받아들여지는 계기가 됐다. 그러나 왕의 압정이 심해져서 귀족사회가 왕권에 대항하거나 평민이 귀족사회의 압제에 의한 피해를 호소하는 일이 일어날 때도 법의 전통에 담겨있는 초월적인 권위를 내세워서 저항의 정통성을 내세우는 양날의 검과 같은 방편이 되기도 하였다.[146]

　　종교는 이렇게 전통적인 질서 유지의 중요성을 표방하면서 일상생활에 깊이 간여하게 됐는데 같은 생각을 하는 정치 세력과 긴밀

---

145) Josef Pieper, "Tradition, Concept and Claim", 2008
146) 한동일, "법으로 읽는 유럽사, 세계의 기원, 서양 법의 근저에는 무엇이 있는가?",
　　2018

한 관계를 유지하면서 상부상조했던 것은 쉽게 짐작할 수 있다. 종교 조직은 성직자 육성에 힘써서 신앙의 계승에 큰 노력을 기울이게 되어 고등학문의 발판을 놓게 되는데 전통적인 교리가 허용하는 범위 내의 학문 외에는 오히려 강한 압박을 가하는 인위적인 테두리가 자리 잡게도 됐다. 이런 기조는 본질에서 기존의 질서를 유지하는 편향을 띰으로써 현대사회에서 보수적 윤리관을 내세우는 보수 진영의 기저에 깔리게 되어 한편으로는 산재한 불안요소들을 해소하는 긍정적인 역할도 하지만 다른 한편으로는 전근대적인 군주제나 비과학적인 신앙체계의 존속을 합리화하는 기둥이 돼 주기도 한다.

여기까지 살펴본 바와 같이 종교의 중심에는 초기에는 없던 일상적인 옳고 그름에 대한 절대적인 잣대가 뿌리를 내리게 됐는데 정신없이 복잡 해져가는 사회에서 흔들리지 말아야 할 절대성이 옅어지는 인상을 주면서 수많은 마찰이 발생하게 되었다. 예를 들어서 교황청은 지금 이 순간에도 동성 결혼, 임신 중절, 사제의 혼인 등의 문제로 고민하는 것으로 보인다. 샌델(Michael Sandel)교수[147]는 같은 상황도 보는 시각에 따라 그 상황에 부합하는 정의가 서로 상당히 다를 수 있음을 지적해서 한때 일반 사회에 큰 반향을 일으켰다. 역사의 '발전'의 반작용으로 나타나는 이런 현상은 사회의 세속화에 따라 일상적인 판단기준의 절대성이 희석되고 부의 축적에 따라 경제적 가치의 중요성이 점차 상위로 부상하게 되어 더욱 가속도가 붙을 것이 자명하여 필자와 같이 교회를 사랑하는(!) 이들에게 큰 관심거리와 걱정거리로 남아있다.

---

147) Michael Sandel, "Justice, What's the Right Thing to do?", 2009

필자는 복잡한 문제를 공학적인 접근으로 2×2의 표로 정리해서 분석해 보는 습관이 있는데 믿음에 대해 그 형성과정을 직감적인 것과 체계적인 것으로 구분하여 가로축에 놓고 그것으로부터 위안을 얻을 때와 불안이 생길 때를 세로축에 놓고 생각해 본 적이 있다. 그 결과를 아래와 같이 정리해 봤다.

		믿음의 형성과정	
		직감적	체계적
믿음의 효과	위안	자율적이지만 거의 본능적인 믿음이 형성되어 그것이 다음의 행동 초석이 됨	체계적인 학습(자율, 가족, 학교, 종교기관)을 통해서 새로운 것을 알게 되어 이것을 통하여 품고 있던 의문이 해소되고 이로 인하여 마음의 평안이 오기도 하고 희열감을 느끼게도 됨
	불안	기존의 믿음에 대한 부분적인 의문이 남아있으나 기존의 믿음을 지키는 일을 더 우선시하기로 다짐함	습득한 지식이 다른 부문에 대한 의문을 일으켜서 새로운 불안감으로 이어짐

이렇게 만들어 놓은 표를 들여다보다 필자의 눈에는 위의 네 개의 상자 간에는 시계방향의 흐름이 있는 순환적인 구조가 있음이 보였는데 필자의 주관적인 생각만은 아니리라고 판단하고 있다.

C. 종교와 나라 만들기의 상부상조

문자는 지금으로부터 약 6천 년 전에 발명됐는데 종교집단에서는 구전으로만 존재하던 종교적 전통을 경전으로 남기는 일을 중요하게 생각하고 기록을 잘 다루는 전문가를 양성하는 일에 열심을 내게 되었다. 지금에 와서는 광의로 학자라는 뜻으로도 쓰이는 scribe라는 고대의 직업이 이렇게 만들어지고 이들이 다루는 경전을 말하는 scripture가 같은 어원을 갖게 되는 것은 이것에 기인한다. 이렇게 기록으로 전승이 되기 시작한 종교적 콘텐츠들은 그 자체가 권위의 상징이 되어 기록을 중시하는 전통이 생기게 되고 초기부터 종교기관에 기록들이 모이게 되고 이런 활동을 중심으로 학문과 학교가 태동하게 된 것은 주지하는 바와 같다.

문자를 쓰고 읽는 능력이 보편화하지 않았던 초기에는 이 능력을 종교기관에서만 찾을 수 있었다. 무식하지만 힘을 길러서 세력이 커진 초기의 국가조직은 정치적인 영역에서 종교기관과 유사한 체제를 갖출 필요가 생겼다. 세력권 안에서 축적되는 부를 관리하고 통합된 법질서를 세우고 이것을 후세에 기록으로 남기는 일이 중요해졌는데 이 일을 위하여 종교기관의 scribe를 동원하게 되어 이것이 현대 관료조직의 기원이 됐다. 이 과정에서 해당 종교기관이 국가조직의 비호를 받으면서 성장하는 계기를 맞게 될 것은 뻔한 일이었다.

승패나 생사를 예견할 수 없는 원시시대의 부족 간에 싸움이 일어날 때 싸움에 나가야 할지, 나가지 말아야 할 지에서부터, 언제 공격을 할지 등의 결정에 샤먼들의 역할은 상당히 컸을 것이다. 전력의 큰 차이 없이 맞붙게 되는 싸움에서 샤먼의 예지에 대한 믿음에서 오는 심리적인 자신감이 싸움의 결과를 좌우할 수도 있었을 것이다. 부족의 우두머리들은 이런 점을 이용하여 위험한 전쟁을 합리화하여 부족원들을 동원하고 싸움터에 나가기 전에 전의를 돋우는 종교적 의식을 치르기도 했다. 이런 일은 오랜 기간 반복되면서 상당히 넓은 지역에서 세력을 다진 고대국가가 세워지면 종종 그 국가와 함께 성장한 종교를 국교로 삼게 됐다. 이런 사례 중에 필자가 주로 관심을 가지고 찾아봤던 기독교의 경우를 구체적으로 다뤄보자.

예수의 역사성에 대한 논란은 비신자들에게는 삼국유사에 나오는 단군신화 중 단군의 역사성을 따지는 것과 유사한 정도의 것으로 여겨질 수 있겠다. 물론 민족주의적 사고에 깊이 빠져 있는 사람들은 민족적 긍지의 뿌리로 생각하고 숭앙의 대상으로 삼는 사람들도 있어서 초등학교 교정 등에 단군 동상이 서 있는 것을 보기도 한다. 유럽에서는 19세기 이후 예수의 역사성에 대한 신학계의 체계적인 연구가 진행되었다. 이런 연구의 개척자 중에는 유명한 슈바이처 박사(Albert Schweitzer)도 있다.[148] 학자들의 초기 연구는 성서의 내용을 중심으로 예수의 전기적 기술을 하는 것이었지만 점차 진보적인 성서학자들 중심으로, 전해지는 문헌들의 신빙성과 중립적인 역사적 증거를 근거로 성경에 실린 예수에 관한 내용 중 역사적인 내용을 걸러내는 작업으로 이어졌다. 이런 연구들은 일반적인 역사에서 영웅에게는 기술하지 않는 굴욕적인 사건(예 : 혼외 잉태, 이스라엘 해방 실패, 십자가 처형 등)을 솔직하게(기적적인 사건으로 각색을 했지만) 기술해 놓은 것을 근거로 예수라는 인물의 역사성은 인정하지만, 현대에서 비과학적으로 여겨지는 '기적'에 해당하는 에피소드들은 신화적인 요소로 취급한다.[149] 예수가 살던 시기는 이미 약 200년 전에 유대인들이 로마 제국에 나라를 뺏긴 상태였다. 로마 제국은 식민 영토의 종교들에 대해서는 포용적인 정책을 펴고 있어서 유대인들도 정치적으로는 로마의 총독과 로마가 세운 헤롯 왕가의 지배를 받으면서도 유대교를 그대로 이어갈 수 있었다. 이미 오랜 역사를 지니고 있던 유대교는 로마로부터 나라를 독립시켜줄 메시아를 기다리는 뜻은 공유하면서도 여러 분파로 갈라져 있었다. 당시 사회의 상부를 차지하는 바리새인(Pharisees)과 사두개인(Sadducees) 사이에는 사후의 부활에 대한 교리적 다툼으로 기왕의 분파 틈새가 더 벌어지게 됐다. 이 밖에도, 독립을 위해 무장 투쟁을 주장하는 열심당(Zealots), 헤롯 왕가를 메시아

---

148) Albert Schweitzer, "The Quest of the Historical Jesus", 1911
149) John Dominic Crossan, "Jesus, A Revolutionary Biography", 1994

로 믿고자 하는 헤롯당(Herodian), 이 모든 복잡한 사회상을 떠나서 광야에서 은둔생활을 하는 에세네파(Essenes) 등 셀 수 없을 정도의 분파도 존재하고 있었다. 예수는 이 중에서 에세네파의 한 부류인 세례 요한과 일정한 관계(세례 요한의 추종자였을 수 있다는 의견도 있다.)를 맺으면서 로마에 무장항쟁을 하는 열심당 주변에 있었던 것으로 여겨지고 있다. 이로 인해 로마 제국에 체포되어 반역자로 십자가형을 당하게 되는데 당시 유대인들에게는 다분히 위선적이고 귀족적으로 치우친 율법적 가르침을 떠나서 서민들이 접근하기 쉽고 희망적인 새로운 형태의 유대교를 주창한 스승(Rabbi)으로 기억되게 됐다. 신약성경의 전승으로는 목수[150]의 아들인 인물이 소지하기 어려운 언변과 '다윗의 후손'이나 '유대 왕'이라는 별칭을 두고 고대 왕가의 혈통을 이은 상위계층 출신이었을 것이라는 상당히 설득력이 있는 주장[151]도 있으나 성서학의 주류 이론으로는 취급받지 못하고 있다.

예수는 살아 있을 때보다 죽은 다음에 훨씬 더 큰 움직임을 만들어냈다. 자신들이 따르던 스승을 졸지에 십자가형이라는 굴욕적인 죽음으로 잃은 데다가 유대교 내부에서는 지도자 없는 이단으로 내몰리는 처지가 됐다. 여기에 나타난 구세주는 살아 계신 예수를 한 번도 만나지 못하고 유대교 상위사회에 속하면서 오히려 예수의 추종자들을 박해하던 사울(Saul)이었다.[152] 사울은 이후 바울(Paul)로 개명

---

150) 당시의 목수는 막노동군에 해당하는 천직이었다.

151) Michael Baigent, Richard Leigh, Henry Lincoln, "Holy Blood, Holy Grail, The Secret History of Jesus, The Shocking Legacy of the Grail", 2005. 이 책의 저자들은 후에 이 책과 댄 브라운의 "다빈치 코드" 내용의 유사성을 놓고 표절 시비를 벌이기도 했다.

152) A. N. Wilson, "Paul, The Mind of the Apostle", 1997

을 하고 예수의 가르침을 로마 제국에 퍼져 있던 예수의 추종자들에게 열심히 전했는데 이때 작성한 서신서들은 예수의 생애를 다룬 복음서들보다 먼저 썼을 뿐만 아니라 교리적인 내용으로도 후일에 기독교가 독립적인 종교로 남게 되는데 결정적으로 기여한 것으로 평가된다.[153] 사실 이때는 물론 이후 2, 3백 년 후에도 이 집단은 수많은 유대교의 분파 중의 하나로 예수라는 특이한 스승을 모시는 이단적인 집단으로 여겨지고 있었다. 특히, 사도 바울의 활동으로 이방인[154]들이 유대교로 개종하는 일이 많아졌는데 이런 신자들이 할례(circumcision)[155]와 같은 전통적인 유대교의 율례를 따르지 않아도 동등한 유대인으로 대할 것인가를 놓고 이 집단 내부에서조차 극심한 분열이 일어났다.[156]

예수의 가르침을 따르던 추종자들은 처음에는 유대인들을 중심으로 유대교의 주변에 속하는 분파로 남아있다가 이 가르침이 사도 바울과 그의 추종자들에 의해 로마 제국 내의 헬레니즘 문명권에 퍼지게 되면서 점차로 유대교로부터 떨어져 나와서 기독교로서의 정체성을 갖추기 시작했다. 그런데 교주의 사망 이후에 조직되기 시작한 교회는 초기부터 분열의 조짐[157]이 있었는데 위에 언급한 전통적인 유대 율례를 따르는 문제로부터 시작해서 부활절을 언제로 정

---

153) 예수의 추종자들은 예수가 메시아로 곧 재림할 것이라는 믿음으로 예수의 생애를 기록으로 남길 필요를 느끼지 않았다.
154) 비유대인을 지칭함.
155) 유대교에서 유대인의 징표로 남자의 성기 포피를 제거하는 종교적인 포경수술.
156) 사도행전 15장
157) 고린도전서 1장 12절

할 것인가에 이르기까지 지파 간에 믿음의 정통성을 놓고 벌이는 다툼이 끊이지 않았다.[158] 이에 종교분쟁이 초래하는 사회적 혼란이 통치에 장애가 됨을 인식한 콘스탄티누스 1세는 제국 내의 기독교 주교들을 니케아(Nicaea, 지금의 터키 이즈니크)로 소집하여(전체 약 1,800명 중 200~300명이 모인 것으로 추정됨) 통일된 교리를 내게 한다. 이 결과로 최소한 이것만은 공통적인 신앙의 요소로 선언하기로 하여 발표하게 된 것이 니케아 신경(Nicene Creed)인데 이것은 이전부터의 오래된 기도문들의 내용을 합치고 여러 차례의 수정을 거쳐서 지금도 천주교와 개신교에서 암송하는 신앙고백(Credo)[159]의 기원이 됐다. 필자는 이 기도문의 내용 중에서 "십자가에 못 박혀 죽으시고" 부분 밖에는 믿지 않고 있어서 예배 중에도 따라 하지 않고 있다.[160]

콘스탄티누스 1세는 기독교에 대하여 포용적이기는 했지만, 흔히 알려져 있듯이 기독교를 국교로 만들지는 않았고 그 자신이 죽기 전에 병상에서 영세를 받았다는 이야기도 사실이 아닌 것으로 알려져 있다. 우여곡절을 거치면서 기독교가 국교로 정해진 것은 이로부터 약 50년 뒤에 로마의 세 황제[161]가 같이 결정하면서 이루어져서 동로마의 기독교는 당시의 수도인 콘스탄티노플(지금의 이스탄불)을 중심으로 러시아 제국에까지 퍼진 동방 정교회(Eastern Orthodox

---

158) 큰 종교의 분파는 기독교에만 국한하지 않는다. 이슬람도 무함마드가 죽은 후에 그의 후계문제를 놓고 바로 시아파와 수니파로 갈라진다.

159) 신앙고백을 사도신경으로 부르는 일이 종종 있는데 이는 로마 시대부터 있던 같은 이름의 기도문과 혼동을 일으킬 수 있다.

160) '주기도문'은 복음서에 나오는 예수의 설교 핵심에 해당하는 '산상수훈'에 포함돼 있어서 예수가 추종자들에게 직접 가르친 것으로 알려져 있다.

161) 동로마의 테오도시우스 1세, 서로마의 그라티우누스와 발랜티아누스 2세

Church)로, 서로마의 기독교는 로마 카톨릭 교회(Roman Catholic Church)로 분리되어 아직 이어지고 있다. 로마 제국 아래에서 잔혹한 박해를 받던 초기 기독교는 이렇게 합법화와 국교화를 거치면서 성장하게 됐는데 제국의 비호 아래 자란 힘으로 제국의 통치제도와 병행한 조직을 갖추고 통일된 교리로 제국의 끝에서 끝까지 포교 활동을 할 수 있었다. 이 교회는 비록 동쪽에서 밀려오는 이교도 야만족의 침략으로부터 제국을 구하는 데는 실패했지만, 오히려 그 이교도들에게 조직적인 통치 수단의 본이 돼 주어서 지금의 화려한 서구 문명 발달의 발판이 됐고 이 종교의 본부는 현대 종교에서 유일하게 독립 국가로 인정되는 국가조직을 갖게 됐다. 이렇게 커진 교회가 그 힘의 발판이 돼 준 국가조직에 각종 침략전쟁에 대한 신성한 당위성을 제공하면서 상부상조한 것은 역사에 기록된 대로다.

이런 과정은 기독교에만 국한한 것이 아니고 이슬람에서도 같은 흐름을 찾을 수 있는데 무함마드 사후에 자리 잡은 아바스 왕조(Abbasid Caliphate)가 지금의 중동 지방과 북아프리카를 거쳐서 이베리아반도까지 퍼진 것은 잘 알려진 바와 같다. 이 왕조는 학문의 발달에도 큰 기여를 한 것으로 알려져 있는데 고대 그리스 문헌들의 보존이나 현대의 과학용어 중에 'al-'[162]로 시작하는 단어들이 이 시대에 기원을 두고 있을 정도로 학문의 발달에도 큰 기여가 있었다. 그뿐만 아니라 이들의 앞선 문명은 서유럽과의 교역의 창구가 되었던 베네치아와 같은 항구도시들이 강력한 도시 공화국으로 성장하는 계기가 됐고 서구에서는 야만국으로부터 성지를 회복하자는 명분으로 일으

---

162) Algebra, alcohol, algorithm, alchemy 등

베네치아의 산마르코 대성당. 지중해 연안을 따라 이슬람권과의 교역이 활발할 때 지어져서 동방과 유사한 건축양식을 보이고 있다. 베네치아는 이 때 축적한 부로 도시 공화국으로 18세기말까지 남아 있을 수 있었다.

킨 십자군 전쟁이 사실은 앞선 문명이 서유럽에 전파되어 서유럽이 '암흑시대'로부터 벗어나게 하는 계기가 되기도 했다.[163] 한편 동쪽으로는 중앙아시아로부터 침략해온 야만적인 유목민들에게 조직적인 통치체제를 갖추게 하여 이슬람이 지금의 중앙아시아 여러 지역으로 퍼지게 됐다.

---

163) Tamim Ansary, "Destiny Disrupted, A History of the World Through Islamic Eyes", 2009

스페인 코르도바에 있는 메스키다의 내부 한 부분. 이베리아 반도에서 아랍문명의 흔적을 찾을 수 있는 대표적인 예다. 이슬람 성전을 뜻하는 모스크에서 따온 이름을 가지고 있는데 지하에 로마시대부터 존재하던 성전터(부분적으로 유리로 덮여 있어서 볼 수 있게 돼있다.) 위에 회당을 건설했는데 당시 주변의 건물에서 기둥을 가져다 쓰는 바람에 회당 안의 기둥들이 크기도 서로 다른 것이 많다. 이 지방을 기독교도들이 회복한 후에 회당의 한 복판을 성당으로 개조하여서 현재는 천주교 성당으로 남아 있다.

D. 경전의 변천으로 바라본 기독교

기독교에서 구약이라 부르는 히브리 성경은 한 권으로 묶인 책(대개는 신약과 함께)으로 익숙해져 있지만, 창세기, 출애굽기 등의 책들이 따로따로 두루마리 형태로 전해지는 것들을 대략 기원전 2세기경에 유대교 지도자들이 정경(canon)으로 여겨지는 목록을 결정한 것의 총칭이다. 이마저도 각 권의 내용은 한 통으로 전해진 것이 아니라 오랜 세월에 걸쳐서 전해진 서로 다른 기원을 가진 것들을 나중에 하나로 합쳐서 기록한 것으로 성서학자들은 해석하고 있다.

히브리 성경의 핵심이라고 할 수 있는 모세 5경(Pentateuch)[164]의 예를 들면, 고문 학자들은 일반적으로 J-, E-, D-, P-문서[165] 등의 서로 다른 기원으로부터 구성된 것으로 분석하고 있다. 예컨대 "태초에

---

164) 창세기, 출애굽기, 레위기, 신명기, 민수기로 구성돼 있다.

165) Jahwist, Elohist, Deuteronomist, Priestly

사해문서(Dead Sea Scrolls) : 쿰란 문서라고도 하는 사해 문서는 히브리 성서를 포함한 900여 편의 다양한 종교적인 문서들을 아우른다. 1947년에서 1956년경까지 사해 서쪽 둑에 있는 와디 쿰란 주변 과 11개의 동굴들에서 양피로된 두루마리 형태로 발견되었다. [Wikipedia]

하나님이 천지를 창조하시니라."로 시작되어 첫째 날부터 여섯째 날 까지 세상을 창조하고 일곱째 날에 안식을 취했다는 내용의 창세기 1 장과 2장 4절까지의 내용은 상당히 시적인 표현을 담고 있어서 제사 장직급(Priestly)의 구전에 의한 것으로 구별하여 P-문서로 분류가 되 지만, 바로 이어서 "여호와 하나님이 천지를 창조하신 때에 천지의 창조된 대략이 이러하니라."로 시작되어 에덴동산에서 흙으로 아담 을 빚고 아담의 갈빗대로 여자를 만들어주는 등의 창세기 2장 5절부 터의 내용은 앞의 창조 설화와 완전히 구별되는 또 다른 창조 설화로 상당히 세속적인 묘사로 이루어져 있고 하나님을 야훼(히브리 알파벳 의 JHWH로 표기됨)로 칭하는 것에 기인하여 야휘스트(Jahwist, J-) 문서로 분류하고 있다.

주류 성서학의 정설에 의하면 이 구전의 기원은 기원전 6세기에 신바빌로니아 제국의 네부카드네자르(Nebuchadnessar) 왕이 유대를 정복하고 유대의 귀족들을 포로로 잡아갔을 때 잡혀간 포로들이 나라 잃은 슬픔을 삭히면서 만든 노래와 이야기인 것으로 여겨지고 있다. 베르디의 오페라 '나부코'의 2막에 나오는 '노예들의 합창'이 바로 이런 장면을 그린 것이다. 신바빌로니아 제국은 곧 페르시아의 키루스(Cyrus)왕에게 정복되는데 이때 유대교에 대한 관용정책으로 유대인 포로들이 해방되어 예루살렘 신전을 재건하게 된다. 이때 구전되던 내용을 기록으로 남기는 일이 진행됐는데 이것이 히브리 성경의 기원이 된 것이다. 그 이후에 나라를 잃기 전의 왕조 역사와 그렇게 된 것에 대한 참회로 그 당시 하나님의 경고를 전해준 선지자들의 메시지를 회상하여 남긴 것은 우리의 삼국유사나 삼국사기가 기록된 것과 유사한 과정이라고 보아도 될 것 같다.

신약의 경우, 예수의 생애를 다룬 복음서보다 사도 바울의 서신서들이 먼저 쓰인 것이라는 것은 앞에서 언급했다. 그런데 일반적으로 사도 바울이 썼다고 하더라도 그것에 담긴 메시지의 강도가 서로 다른 것을 근거로 직접 기술의 확실성을 나누는 학자도 있다.[166] 참고로 로마서, 고린도전/후서, 데살로니카전서, 갈라디아서, 빌립보서, 빌레몬서가 가장 확실하고 디모데전/후서와 디도서는 중간급이

---

166) Marcus Borg, John Dominic Crossan, "The First Paul, Reclaiming the Radical Visionary Behind the Church's Conservatory Icon", 2009

고 에베소서, 골로새서, 데살로니카후서는 가장 불확실한 것으로 분석되고 있다. 물론 사도 바울이 시력이 나빠서 직접 쓰기를 잘하지 못한다고 할 정도였으니[167] 모든 서신서는 누군가가 사도 바울의 구술을 대필한 것이라고 짐작할 수 있고 대필자에 따라 받아쓰기의 정확도의 차이나 또는 전에 들었던 내용의 기억을 되살리는 과정에 전달되는 강도의 차이는 있을 수 있겠다. 거기다가 누군가는 자신의 주장에 권위를 얹기 위해 바울의 이름을 도용(악의적이 아니어도)하는 일도 있었을 것이다.

복음서의 경우 "태초에 말씀이 계시니라. 이 말씀이 하나님과 함께 계셨으니 이 말씀은 곧 하나님이시니라."라고 시작되는 요한복음은 다른 복음서와 워낙 다른 세계관을 담고 있어서 따로 써진 것으로 생각되고 있으나 마태, 마가, 누가복음서는 같은 내용을 담고 있는 일이 많아서 공관(共觀)복음으로 묶어 부른다. 담긴 내용의 분석을 통하여 성서학자들은 이 중에서 마가복음이 가장 먼저 써졌고 마태복음과 누가복음에는 있지만, 마가복음에는 없는 내용을 근거로 Q 자료(Q Source)라는 가상의 문서 존재를 추정하기도 한다.

이런 사실들이 중요성을 갖게 되는 것은 현재 남아있는 문서들은 아무리 오래된 것이라 해도 모두 원본이 아닌 필사본이라는 사실 때문이다. 인쇄술이 없는 시절에는 중요한 기록을 공유하는 방법은 그것을 회람하거나 필사하여 필요한 곳에 보내는 것밖에는 없었다. 자연스럽게 필사본의 필사본도 존재하게 됐으니 이 과정에서 우연한 오류들이 발생하게 됐고 사본의 오류를 정확하게 필사하게 되면 오

---

167) 갈라디아서 6장 11절

류가 고착되는 현상도 있었다. 고문서의 분석에서 이 현상을 역으로 이용하여 오류의 발생을 역추적하여 원문서에 가까운 필사본을 찾는 방법도 있다. 우연한 오류뿐만 아니라 기록이라는 행위를 독점하고 있는 기자가 일정한 의도를 가지고 바꿔 쓰거나 추기(追記)하는 일도 있어서 고문서의 원래의 내용을 알아내기는 쉽지 않은 일이다. 예를 들어서 마가복음 16장 9절 이후의 부활한 예수가 여러 제자에게 나타나는 내용은 나중에 추가된 내용이라고 생각하는 성서학자들이 많다.

여기까지의 내용은 정경으로 채택이 된 문서에 대한 것인데 사실은 정경으로 채택되지 않은 문서들의 문제는 더 큰 문제를 일으키게 된다. 예수가 살아 활동하던 시기는 유대교 내부에 부활 사상에 대한 논쟁이 심하던 시기였는데 예수의 가르침을 따르던 사람 중에도 예수의 부활을 믿지 않는 사람들도 꽤 있었다. 이들의 생각을 일컬어 영지주의(Gnosticism)라고 하는데 니케아 공동회의에서 이들을 이단으로 판정하여 이들의 문서들도 없애게 되었다.[168] 우리가 알고 있는 기독교는 예수의 부활 사건을 기점으로 시작한 것으로 생각해도 무방할 텐데 영지주의 입장이었다면 위의 마가복음 16장 9절 이후의 내용은 추가될 수가 없었을 것이다. 영지주의적인 입장의 문서들이 당시의 파괴를 피해서 남아있다가 20세기 이후에 발견되고 있어서[169] 학

---

168) Elains Pagels, "The Gnostic Gospels", 1989
169) 1945년의 Nag Hammadi 문서가 대표적이고 여기에는 Gospel of Thomas가 포함돼 있다. 이 밖에도 Gospel of Mary와 Gospel of Judas 같은 중요한 문서들도 발견되어 당시의 영지주의의 영향을 추정해보게 한다.

자들 간에 기독교 초기의 역사에 대한 많은 의문이 일어나고 있다. 이런 현상을 두고 오랜 교회의 위선적인 모습들을 다 들춰내야 한다는 투쟁적인 관점으로부터 귀하게 전해져 온 전통을 어떤 도전에도 수단 방법을 가리지 않고 지켜야 한다는 수구적인 관점까지 존재하여 이런 갈등을 그린 소설이나 영화들이 많이 나오고 있다. 그러나 많은 종교인은 정결한 종교 생활을 통하여 현대사회를 살아가면서 겪는 어려움으로부터 위안을 얻고자 하는 마음으로 이런 문제와는 전혀 상관이 없는 신앙 세계를 품고 살아가고 있어서 어찌 보면 이런 것이 21세기 이후의 종교의 역할을 보여주는 것이 아닌가 하는 생각을 하게 한다. 기독교적 무신론자인 필자가 아직도 정기적으로 교회를 다니는(코로나로 온라인 예배로 그칠지언정) 이유가 이것이다.

신의 계시라는 증명할 수 없는 영역을 제외하면 종교는 질서를 선호하는 정치집단의 비호 아래 통일된 윤리의식을 전통에 담아 효과적인 통치수단을 제공하는 대신에 정치 권력으로부터 간섭을 받지 않고 일정한 자유를 누릴 수 있는 신성함을 인정받을 수 있었다. 이런 암묵적인 거래는 대부분 공익적 방향으로 일어나서 국가와 백성이 번영하는 결과가 나타났지만, 일상적으로는 변화보다는 현상 유지에 더 무게를 싣는 보수적인 경향을 초래하게 됐다. 그런데도 평형에 파격을 얹는 창의와 혁신은 끊이지 않아서 지속적인 문화발전을 가져와서 오늘에 이르게 되는데 이 이야기는 다음 장에서 다루기로 한다.

X. 문명이 일어나다

이야기하는 자가 사회를 지배한다.
Those who tell stories rule society
플라톤 Plato

청사진도 지속 가능한 경로를 따르고 있다는 확신도 없이
새로운 사회를 만드는 일.
**Becoming a new kind of society without any blueprint [nor] certainty
that it was following a sustainable path.**
로버트 톰스 Robert Tombs

오늘날의 긴밀하게 연결된 세계에서는 지도자의 "영향력 영역"은
역사적이거나 지리적인 특권으로 부여받는 것이 아니라, 강요가 아닌 영감으로 다른
사람들의 따름을 이끌어낼 수 있도록 매일매일 열어나가야 하는 것이다.
**Today's interconnected world, a leader's "sphere of influence" is no longer
some entitlement from history and geography,
but rather it is something that has to be earned and re-earned everyday by
inspiring and not compelling others to follow you.**
토머스 프리드먼 Thomas Friedman

A. 농경 사회가 일궈낸 고대문명

생물의 진화와 달리 사회와 문화의 변화는 방향성을 갖고 일어나기도 하고 개인의 기여가 큰 파급효과를 불러일으킬 수가 있어서 그 속도가 무척 빠르다. 해부학적으로나 지능 면에서 현대 인류와 크게 다르지 않은 인류의 발원은 대략 십만 년에서 이십만 년 전 사이에 일어났다는 것이 학계의 중론이다. 이 이후 연장의 사용, 불의 사용, 언어의 발명, 무속신앙의 발명 등을 거쳐서 농경의 시작은 지금으로부터 대략 8,000년 전, 문자의 발명은 6,000년 전, 바퀴의 발명은 5,000년 전, 현존하는 큰 종교의 발원[170]은 3,000년 전, 화약의 발명은 1,200년 전, 증기기관의 발명은 420년 전, 전기의 발견은 300년 전, 전기 모터의 발명은 190년 전, …… 이런 식으로 그 속도는 엄청나게 빨라졌다. 이런 변화의 속도에는 조직적인 사회의 형성이 크게 기

---

170) 해당 종교의 신앙인은 세상의 창조로부터 시작했다는 주장을 할 수 있다.

여했는데 그것의 첫 단계는 농경 사회의 형성이었다.[171] 고대 인류에게 농경 사회에서 나타난 가장 큰 특징은 이동을 자주 하는 수렵 채집 생활방식에서 고정된 자리에 정착하는 생활방식으로 변환하는 것이었다. 하루아침에 이런 변화가 일어난 것이 아니라 앞 장에서도 잠시 다뤘듯이 수렵 채집 시대에 이미 인류의 여성들이 식물에 대한 기본적인 지식을 터득하는 것에서 농경은 시작됐다. 이로부터 계절적인 농경의 원리와 식용에 유리한 육종술과 야생동물의 길들이기까지 알아내는 것에 성공하면서 남성들이 한편으로는 정착지에서 할 일이 많아지게 됐고 다른 한편으로는 오랜 기간 집을 떠나 위험한 사냥을 하러 나갈 일이 없어지게 됐다. 이것은 의식구조와 사회조직에 중요한 변화를 가져와서 부족 중심의 사회가 가족 중심으로 옮기게 되었다. 여성의 역할이 가사와 육아 중심으로 자리 잡게 되고 사회 전반에 걸쳐서 노동의 분업화와 일부 작업에는 전문화도 나타나기 시작했다. 이 변화는 후에 인간관계가 친인척 중심에서 계급 중심으로 전환되는 계기도 됐다. 또, 토지와 물건에 대한 소유 개념도 생기고 전략적인 자원에 대한 독점적인 권한을 부여하는 현상도 나타나서 사회의 계층화도 일어나게 됐다.

지금의 생각으로는 모순적이라고 볼 수 있으나 도시화(urbanization)는 농경이 가장 발달한 곳에서 일어났다. 메소포타미아와 황하 유역 같은 지역은 온대성 기후를 갖고 큰 강을 낀 넓은 평야 지역을 형성하고 있어서 식량이 풍부하여 힘센 자들이 탐을 내는 곳이었

---

171) Charles Redman, "The Rise of Civilization, From Early Farmers to Urban Society in the Ancient Near East", 1978

다. 이들은 이런 곳들을 점령하여 영토와 재물에 대한 독점권을 행사하게 됐고 효과적인 관리를 위해 군대를 조직하고 관료조직을 만들기도 했다. 이 과정에서 우리가 잘 아는 문명의 요소들이 발현되면서 도시화가 더 진행되는 순환적인 상승작용이 일어났고 점점 복잡한 사회구조가 만들어졌다. 지능이나 본능의 생물학적인 진화 속도에 비할 수 없을 정도의 속도로 이런 변화가 일어나다 보니 곳곳에 불안한 요소들이 드러나게 됐을 것인데 이럴 때마다 더 강력한 관리체제를 마련하게 되어 경제와 행정에 관한 권력은 점점 더 강하게 집중이 되는 현상을 낳았다. 이런 일의 승자가 자신의 힘을 과시하고 권위를 인정받기 위해 대규모 건설을 종종 했는데 이중에 아직도 남아있는 흔적들이 우리가 역사에서 배우고 여행 목적지로 삼는 유적들인 것이다.

B. 인류의 대륙이동과 홀로서기 문명

대략 6만 년 전에 지금의 에티오피아 근처의 아프리카로부터 유라시아 대륙으로 나온 인류는 처음에는 넓은 지역으로 퍼지면서 고정적인 주거지 없이 수렵 채집 생활을 이어갔는데 약 1만 년 전에 지금의 팔레스타인 지역에 농경 사회를 이룬 첫 정착지가 형성된 것으로 알려져 있다. 이 지역은 주변이 척박한 사막 지역으로 둘러싸여 있지만, 강을 끼고 있어서 쉽지는 않더라도 농경이 가능한 '젖과 꿀'이 흐르는 지역이었다.[172] 인류는 이곳 말고도 지속해서 새로운 정착지를 찾아 활발히 움직이기 시작했다. 5만 년 전에는 동남아시아를 거쳐 호주 대륙으로 건너가서 정착하여 지금의 호주 원주민(Aboriginal Australians)의 조상이 되었는데 마지막 빙하기에 해수면이 낮아서 지

---

172) '젖과 꿀이 흐르는 땅'이라는 용어는 히브리 성경에서 유대민족이 그들의 조상들이 사막의 유목 생활을 거쳐서 찾아간 정착지를 이르는 말이다.

금의 뉴기니와 호주와 타스마니아가 하나의 땅덩어리로 붙어있던 시기이기는 하더라도 항해로 대륙을 이동한 첫 사례로 꼽히고 있다. 한편 2만 년 전에는 같은 이유로 해수면이 낮아져서 시베리아와 북미 사이가 육지로 연결(Bering Land Bridge)돼 있었는데 이때 처음으로 신대륙에 인류가 이동한 것으로 보인다. 다시 말해서 농경이 채 정착하기 전에 이미 대륙 간 이동이 일어났는데 이동해 간 대륙마다 농경의 흔적들이 남아있는 것으로 미루어 농경 활동은 지역마다 거의 독립적으로 일어난 것으로 볼 수 있고 인류의 높은 지각능력의 또 다른 증거로 삼을 수 있다.

초기의 농경은 야생 상태의 곡물의 씨를 받아서 그대로 심는 아주 소극적인 형식이었던 반면에 나중에는 연장과 가축을 이용하여 밭을 일구고 수리시설도 만들고 품종개량도 하는 적극적인 농경으로 바뀌면서 도시화가 일어나고 이런 곳에서 문명이 발달하게 되었다. 위에 언급한 지중해 연안의 팔레스타인 지역을 중심으로 하여 이집트의 나일강 유역으로부터 유프라테스강과 티그리스강 사이를 초승달 형태로 잇는 지역[173]에서 이런 현상이 가장 먼저 일어났다. 발달한 농경기술을 터득한 수메르인(Sumerian)들이 약 5,000년 전에 유목민들이 거주하던 메소포타미아 지역을 점령하여 도시를 이루며 살게 된 것이었다.[174] 처음에는 크고 강력한 도시를 이루지는 못하고 두 개의 큰 강과 사방으로 뻗은 수리용 운하 사이에 여러 개의 작은 도시국가를 이루며 살다가 바빌론 제국에 이르러 크게 흥하게 되는데

---

173) 고고학자들은 이곳을 비옥한 초승달(fertile crescent)이라고 부른다.

174) John McKay, Bennet Hill, John Buckler, "A History of Western Society", 1987

여기에는 그 이전에 이미 발명된 문자 체계의 영향이 컸다고 여겨지고 있다. 함무라비 법전과 길가메시 서사시(Epic of Gilgamesh)[175]가 이 문자로 작성되어 아직 전해지고 있어서 이 문명이 후대에 미친 영향을 짐작할 수 있게 하고 있다.

비슷한 시기에 나일강 유역에서 일어난 이집트 왕조는 농경은 위의 지역으로부터 전달받아서 시작했을 수 있으나 고유한 문자체계를 갖고 파라오(Pharoah)라 불리는 왕을 신으로 섬기는 종교와 통치를 접목한 독특한 체제를 갖추게 됐다. 이런가 하면 4,500년 전에는 서남아시아에서 인더스 문명이, 4,000년 전에는 동아시아에서 황하 문명과 멀리 중앙아메리카에서 마야문명이 일어났다. 이들은 농경이나 문자나 종교나 통치 체제 등에서 상이하나 크게 보면 일정한 주형(template)을 따라 문명이 발달하는 모습을 띠고 있다. 시간적으로나 지리적으로나 다른 것을 보고 따라 한 것으로 생각할 수 없으니 이런 능력을 각자의 환경에 맞추어 발휘한 인류의 능력에 기인한 것이라고 하지 않을 수 없다.

---

175) 구약의 창세기와 공통인 소재를 여럿 포함하고 있다.

C. 유목민들의 침략과 교역이 문명의 가교가 되다

동남아시아에서 호주 원주민들의 조상이 배를 타고 호주 대륙으로 이동한 시기에 다른 경로로 필리핀, 대만, 오키나와 등을 거쳐서 뉴질랜드와 폴리네시아와 하와이까지 퍼지도록 인류는 놀라운 항해 능력을 보였다. 그러나 대형 선박을 건조하지는 못하여 문명의 전파는 주로 육상으로 이루어졌다. 수렵 채집 생활을 하다 중앙의 큰 문명의 세력으로 변방으로 내몰린 사람들은 일반적으로 그 문명권으로 흡수되기도 했지만 더러는 아예 떨어져 나가서 서식이 가능한 초목지를 찾아 떠돌아다니는 유목 생활을 하게 됐다. 이들은 먼 거리 이동을 위해 가장 먼저 말을 타기 시작했고 말타기에 편리한 바지 형태의 의복도 가장 먼저 입기 시작했다. 이렇게 높은 기동성을 갖춘 사람들이 문명의 가교 역할을 하게 됐다.

문명권의 중심을 차지한 사람들은 상대적으로 호전성을 잃었다. 자급자족만으로도 대부분의 수요를 충족할 수 있어서 관심의 영역이 밖으로부터 안으로 옮겨졌다. 이에 비해 유목민족은 항상 '더 좋은' 초목지를 찾으면서 벌이는 경쟁이 극심했다. 이들의 부족 간 전쟁은 특히 격렬했는데 언제든지 거꾸로 공격을 받을 수 있다고 생각하여 상대방의 재물과 가축은 노획하고 여성들은 납치하여도 남성들은 전멸시키는 것이 중요한 전략이었다.[176] 후일에 고려가 원나라의 침략을 받으면서 큰 고통을 받았던 것도 원나라의 왕조가 유목민의 혈통을 이어받은 것이어서 과거에 접했던 중국의 왕조와는 사뭇 달랐기 때문이었을 것이다. 이런 야만적인 유목민과 문명권과의 교류는 오랜 시간을 걸쳐서 일어났을 것이다. 유목민으로서는 경쟁적인 부족에 대한 우위를 점하기 위하여 문명권에서 앞선 문물을 얻는 것이 중요해지고 문명권에서는 주변의 유목 부족들로부터 짐승의 가죽이나 말 같은 것들의 조공을 받고 일정한 비호를 제공하거나 야만족의 소란으로부터 막아주는 대가를 치르는 등의 조건으로 협상이 이루어졌을 것이다.[177] 이로 인해 물자의 운송이 활발해졌을 것이고 점차로 유목민 중 일부에서 이런 일들을 전담하는 사람들이 생겼는데 이것이 황하강 유역으로부터 험한 히말라야를 우회해 고비 사막의 북쪽 경계와 남쪽 경계를 스쳐 가는 두 갈래의 경로를 통해 황하 문명과 페르시아 제국을 연결하는 "실크 로드"의 기원이 됐다. 서쪽에서는 페르시아에 이어서 알렉산더 대왕의 정복으로 헬레니즘 문명과 인더

---

176) René Grousset, "The Empire of the Steppes, A History of Central Asia", 2010

177) 중앙의 문명권에서는 다른 유목 부족을 제어하는 것이 목적이고 비호받는 유목 부족의 경우 경쟁 관계에 있는 다른 부족을 제압하는 것이 목적인 쌍방향의 협상이 있었을 것이다.

서기 450년경 훈족 지배 하의 영토 [위키피디아]

스 문명까지 연결되어 동서양의 첨단 문물들의 교역이 일어나게 되었다. 비단은 이 거래에서 상품 자체로서의 용도도 있었지만, 화폐적인 가치도 있어서 교역을 위한 중요한 물품이 됐고 교역로의 이름으로도 남게 됐다.

　유라시아의 유목 부족 중에는 흉노족이나 선비족과 같이 세력이 강해진 부족들도 생겼는데 이 중에서 흉노족은 서기 5세기에 아틸라(Atilla the Hun)왕의 통솔 아래 동로마와 서로마 제국을 침략하여 아직도 유럽인들의 기억에 공포의 대상으로 남아있다. 헝가리의 국명의 앞글자 'HUN'이 흉노의 알파벳 표기에서 나왔다는 설이 중론이다. 조금 후의 돌궐(突厥)[178]족은 그 이름이 지금의 터키에 남아있는데 튀르크계 중에서 타타르인(Tatars)은 후에 러시아로 이동하여 러

178) 터키의 발음으로는 '튀르크'이다.

Hun Attila 무리에 의해 약탈당한 갈리아의 로마 빌라 상상화 [Rochegrosse, 1910]

시아 제국 황족의 혈통에도 섞이게 됐고 위구르인(Uyghurs)은 지금도 중국의 소수민족으로 작지 않은 문젯거리로 남아있다. 부인과 첩을 많이 거느리기도 했던 칭기즈칸은 그의 통솔 아래 몽골제국이 얼마나 넓은 지역을 정벌했는지 전 세계인의 0.5%가 칭기즈칸의 직계 후손(아시아인의 경우 8%)이라는 이야기가 나올 정도이다.

지형적으로는 험하고 척박하나 동서 간의 교역의 요충지인 이곳의 지배를 위한 다툼이 끊임이 없었으니 서쪽으로는 최근까지도 '제국의 무덤'으로 불리는 아프가니스탄을 차지하기 위한 싸움이 있었고 동쪽으로는 수나라와 당나라를 비롯한 중국의 여러 나라가 이 지역의 지배를 위한 정성을 많이 들였다.[179] 옛 중국의 도읍지였던

179) 최근에는 이 지역에 광물자원이 많이 묻혀있는 것으로 밝혀져서 세계의 이목이 집중되고 있는데 중국이 이 지역을 중국과 연결되는 하나의 경제권으로 묶으려는 의도로 "일대일로"라는 계획을 세워서 눈총을 사고 있다.

시안(옛 이름 長安)과 뤄양(洛陽)이 황화 유역의 실크로드 관문에 해당하는 곳에 자리 잡았던 것은 결코 우연이 아니었을 것이다. 도읍이 실크로드의 경로와 가까웠던 것은 반드시 유리한 것은 아니었다. 유목 부족 중에서 세력이 강해진 부족의 침략이 종종 일어났다. 이들은 대부분 재물을 노획하고 노예를 잡아서 돌아가는 것에 그쳤지만 5호 16국 시대에는 아예 침략지에 정착하여 상당한 세력을 행사하는 일도 있었다. 이들은 정착한 다음에는 한(漢) 문화에 접하면서 호전성이 뚜렷이 낮아지는 경향을 보이는 바람에 다음의 유목 부족에게 침략의 빌미를 제공하게 되었다. 이렇게 유목민족이 황하 유역으로 와서 정착하는 과정은 반복적으로 일어났고 13세기에는 아예 몽골제국에 정복을 당하여 원나라가 세워지게 되었다.[180] 비슷한 시기에 서쪽에서는 몽골제국이 아바시드(Abbasid) 왕조를 정복하여 일 칸국(Il-khanate)를 건국하기도 했는데 이들은 해당 지역의 앞선 문화에 대해 수용적인 태도를 취해 중앙아시아에는 이슬람이 전파되고 중국에는 도교와 불교가 전파되는 일에 결정적으로 기여했다. 반면에 이들의 강한 기동성은 전염병도 많이 옮기는 부작용을 수반하게 되어 유목민족들이 옮겨온 흑사병에 대한 면역체계를 갖추지 못했던 유럽인들의 사망이 많아서 전쟁보다 전염병으로 죽은 사람이 많았을 것이라는 주장도 있을 정도다.[181]

---

180) 진순신, "이야기 중국사", 2011

181) 콜럼버스의 신대륙 발견 이후에 스페인 왕국이 황금에 눈이 멀어 남아메리카를 침략할 때 일어난 잉카제국의 멸망도 이와 유사하게 전쟁보다는 전염병에 의한 것이라는 주장이 있는데 Jared Diamond의 "Guns, Germs, and Steel"에 자세히 묘사돼 있다.

D. 왕정에서 공화제와 민주주의로

초기의 통치 세력은 토속신앙과 관련하여 신과 직접적인 소통을 한다고 주장하는 무속인이 겸하다가 조직적인 전쟁을 하기 시작한 다음에는 무사들에게 넘어갔다. 싸움을 잘하는 무사가 지도자가 되는 시기가 이어지다가 종교 지도자가 신의 계시로 정당성을 부여해 주면서 신성시되는 세습적인 왕의 제도가 만들어졌다. 그래도 여러 신을 섬기는 시기에는 왕권이 절대적이 아니어서 고대 그리스에서는 전쟁과 외교와 관련한 중요한 결정을 하는 에클레시아(Ekklesia)라는 기구를 만들었다. 도시마다 조직돼 있어서 소집되는 날에는 해당 도시의 시민(성인 남자)은 누구나 참석할 수 있었다. 참석자는 누구나 평등한 발언권과 투표권을 가지고 다수결로 결정을 했는데 이곳에서의 결정이 최종적이었다는 것도 중요했지만 누구나 그날의 안건에 대해 자유로운 발언을 할 수 있어서 다양한 의견들의 청취가 이루어

포로 로마노(Foro Romano) 유적. 콜로세움 옆에 있는데 로마제국의 중앙정부가 위치했던 곳이 지금은 이렇게 돌더미로만 남아있다.

진 다음에는 모두가 최종 결정을 그대로 받아들이는 것이 일반적이었다.[182] 우리 역사에 나오는 신문고 등의 제도들도 광의로는 이것과 유사한 제도일 텐데 결국은 절차의 비효율이 마음에 들지 않았던 군주들에 밀려서 사실상 사라지게 됐다.

유일신적 신앙이 자리를 잡고 권위가 높아진 종교가 국교로 정해지면서 왕위는 하늘에서 내려준 절대적인 자리로 여겨졌고 더욱 강력한 권세를 누리게 됐다. 자연스럽게 왕권은 세습제로 뿌리를 내렸는데 왕위를 찬탈하는 자가 생겨도 바로 종교적인 의식으로 절대적인 권위를 인정받는 격식을 취했다. 이런 행동양식으로 굳어진 의

182) Paul Woodruff, "First Democracy", 2005

시칠리아의 시라쿠사에 있는 노천극장. 고대 그리스의 유적은 그리스 보다는 당시 그리스인들이
정복했던 곳에 더 잘 보존돼 있는 것이 많다.

식구조는 나라와 나라님의 정체성을 동일시하는 것으로 이어져서 군
주의 부(富)를 늘리는 것이 곧 나라가 강해지는 것으로 여겨졌다. 나
라의 부를 지키고 늘리기 위해 외부로부터의 위험에 대한 보호를 빌
미로 영지 내의 백성들로부터 각종 형태의 조세를 징수하여 군대를
조직하는 것이 정당화됐다. 부를 늘리는 구체적인 수단은 영토를 넓
히기 위한 이웃과의 전쟁이 중요한 부분을 차지했기 때문에 백성들
의 처지에서는 전쟁으로부터 보호를 받기 위하여 전쟁을 도와야 하
는 악순환적인 고리에 놓이게 됐다. 한편 이 체제는 왕으로부터 영지
일부의 관리 권한을 위임받아 왕권을 대행하는 귀족층과 지속적인
경제성장으로 형성되기 시작한 중산층의 이해에 부합하는 측면이 많

아서 상당 기간 유지될 수 있었다.

그러나 마치 피라미드식 판매방식에서 언젠가는 말단에서 큰 피해를 받는 일이 발생하듯이 군주의 끝없는 탐욕과 관료 체제의 부패가 겹치면서 참을 수 없는 불만을 느낀 지방의 귀족과 백성들이 왕권에 도전하는 일이 발생하게 된다. 영국의 역사에 나오는 마그나 카르타(Magna Carta)의 제정이 좋은 예가 될 것인데, 이것을 계기로 군주의 전횡을 막을 의회(Parliament)가 설립되기도 했다. 당연히, 자신의 권한에 대한 도전을 불편하게 여긴 군주의 저항이 상당했지만, 대륙의 종교개혁 여파로 발생한 카톨릭과 개신교 사이의 종교갈등에 휘말리고 도시화 과정에서 유례없는 중산층의 성장으로 왕권은 상대적으로 약화하는 결과를 초래했다.[183] 이것이 18세기에 프랑스에서는 시민혁명으로 왕정을 폐지하고 미국에서는 영국의 식민통치로부터 독립을 쟁취하여 군주가 없는 공화정(republic) 형태의 정부 제도를 채택하게 되는 계기가 됐다. 이때 행정, 입법, 사법의 삼권을 분립하고 고대 그리스의 민주주의를 본뜬 의결제도를 만든 것이 오늘에 이르고 있다. 당시의 상황을 반영하여 나름으로는 이론에 충실하게 만든 인위적인 제도가 현대적인 시각으로 바라볼 때는 허점들이 존재할 것이 필연적이어서 고작 250년 정도 지난 지금 많은 비효율이 드러나고 있다. 이에 대해 부족하나마 원래의 뜻을 살리는 것을 중시하자는 진영과 시대의 흐름에 맞추어 적극적으로 바꿔야 함을 주장하는 진영의 다툼이 끊이지 않고 있는데 이 이야기는 다음 장에서 이어가기로 한다.

---

183) Peter Ackroyd, "The History of England", 2011

E. 모방과 창의와 상징의 상호 작용이 예술이 되다

원시시대의 화덕에서 음식물을 담아 익힐 토기의 표면에 기하학적인 문양을 새긴 토기장이는 무슨 생각을 했을까? 아무도 보지 않을(횃불을 가지고 들어가야 보임) 동굴의 벽에 짐승과 사람을 정교하게 그려 놓은 화가는 무슨 이유로 캄캄한 동굴 안에 이런 섬세한 그림을 그리게 됐을까?

현대인들은 순수예술이니 응용예술이니 하는 구분을 하기도 하고 예술의 장르를 나누기도 하지만 곰브리치는 그의 책[184]의 첫머리에서 예술에 대한 정의를 아주 명쾌하게 제시하고 있다. "세상에는 예술이라는 것이 없다. 그저 예술인이 있을 뿐이다." 인류는 본능적으로 무엇인가 꾸미고 싶어 하는 마음이 있었고 누군가는 남보다 그런 마음이 더 많은 사람도 있었던 모양이다. 그런 사람 중에는 비슷한

---

184) E. H. Gombrich, "The Story of Art", 2006

페루 쿠스코에 있는(Arte Precolombino) 박물관에 전시돼있는 토기.
이 박물관은 이름에서도 알 수 있듯이 콜롬버스의 신대륙 발견 이전의 토착
유물을 전시한 곳이다. 간단한 기술로 나름 화려한 장식을 하려 한 흔적이
보인다.

작업을 반복하다가 조금씩 변형을 주면서 쾌감을 느끼는 사람도 있
었을 것이다. 자신이 만든 작품을 바라보면서 자랑스러운 마음을 느
끼기도 하고 주변에서 칭찬하는 소리를 들으면서 그 작업을 계속하
다 보니 요즘 말로 장인의 자리에 오르는 사람이 생겼을 것이다. 주변
에서 유사한 작업을 하는 사람들이 장인의 사회적 지위를 부러워하
여 그 일을 따라 하다 보니 똑같이 되지는 않았지만 조금 달라진 것
이 또 다른 즐거움을 느끼게 하는 일도 있었을 것이다. 일부러 조금씩
변형을 시키는 것이 좋게 느껴질 때도 있었고 그때그때의 생각에 따

라 약간의 의미를 담아보기도 했을 것이다. 반복되는 모방이 창의를 부르고 정형화된 패턴에 작은 파격이 새로운 아름다움을 느끼게 하여 나중에 사람들이 이것을 예술이라고 부르게 되었다.

초기 장인의 작업은 기능적인 용도에 치우쳐서 많은 꾸밈을 동반할 여지가 없었을 것이다. 점차 작업에 대한 자신감과 함께 특이함을 추구하는 마음이 있는 장인 중에는 이미 언어능력으로 갖춰진 상징적 사고를 담아서 상징적 기호를 사용하는 꾸밈을 추가했을 것이다. 실물 세계의 사물만 사물로 보지 않고 이차원적 상징으로 형상화한 것을 삼차원의 사물과 동급으로 생각하게 된 것은 큰 변화였다. 원수의 형상을 그리거나 인형으로 만들어서 그것에 저주하거나 뾰족한 바늘로 찌르거나 하는 행위들은 이런 사고에서 나온 것들이었다. 위험한 사냥이나 전쟁에 나서기 전날 밤에 불을 피워 놓고 그 주위를 돌면서 짐승이나 원수를 잡아 죽이는 몸동작들도 마찬가지였다. 이렇게 주술적인 상징을 띠고 행해지던 행위는 곧 종교적인 의미도 띠게 됐을 것이다. 그래서 종교적인 의식을 위한 소품이나 장소에 예술적 장식이 사용되다 눈에 띄게 각광을 받기 시작한 것은 왕의 무덤이었다. 이집트의 왕은 죽기 전에 자신의 거대한 무덤인 피라미드를 건설하였는데 이 무덤의 내벽에 생전의 치적과 평소에 가까이 한 신하들을 그려서 사후에 자신이 내세로 가는 여정에 도움받을 생각을 하였다. 그런데 이때 그리는 그림들은 이런 구체적인 목표에 부합하여, 대상을 정확히 묘사하는 것보다는 그 대상이 무엇인지를 알리는 것에 충실하였다. 그래서 그리는 대상에 따라 특징적인 각도를 지키면서 형상화해야 했고 인물도 지위에 따라 크기를 달리 하는 등의 고정적인 규칙이 있었다. 그림 자체보다는 그림이 내포하는 의미가 훨씬 중요했기 때문이다.

다분히 주술적인 상징성을 가지면서 종교의식과 깊은 연관을 가지게 된 예술은 종교기관과 군주의 비호 아래에서 내용과 형식에 대한 까다로운 제재[185]를 받을 수밖에 없었고 이 상황에서는 이런 작업을 하는 사람들은 예술인보다는 직업적인 장인의 지위에 머물러 있을 수밖에 없었다. 예술이 이 족쇄에서 벗어나게 된 것이 르네상스인데 이 시기에 국제교역으로 어마어마한 규모의 부를 축적한 군주나 메디치 같은 가문이 자신의 권위를 뽐내기 위해 경쟁적으로 예술가들을 지원하게 되어 이들이 유명해질 뿐만 아니라 종교적인 예술과 병행하여 세속적인 예술 활동도 할 수 있게 됐다. 그러나 체계적인 예술 교육제도가 있었던 것이 아니라 뛰어난 스승(maestro)의 문하에 도제(apprentice)들이 모여서 일을 배우는 체제에서는 스승이 여전히 "모름지기 예술은 이래야 한다."라면서 지시하는 정형화된 형식이 중요했는데 후일에 음악 부문에서 이것을 고전주의라고 부르게 됐다. 다시 이런 틀을 버리고 개인의 자유를 중시하는 움직임이 일어났는데 이것을 과거 중세의 카톨릭 교회의 압박으로부터 그리스와 로마 시대의 인본주의를 되찾은 것에 견주어 Romanticism[186]이라고 한다.

이렇게 형식의 속박으로부터 자유로움을 느끼게 된 예술가들은 자연의 자세한 묘사나 예술에 담을 내용에 대한 자체적인 규범들

---

185) 유일신 신앙에 뿌리를 내린 기독교에서는 미술이 우상숭배로 흐를 것을 걱정하여 예술 활동 자체에 대하여 소극적이었다.

186) Roman의 일본식 한자 표기를 우리의 발음으로는 낭만(浪漫)으로 읽게 되는데 원래의 의미가 크게 왜곡되어서 매우 부적절하다고 생각하고 있다.

을 포기하고 새로운 표현방식과 아이디어들을 담기 시작하여 인상주의(impressionism), 추상미술(abstract art), 현대음악, 전위예술(avant garde) 같은 것들이 나오게 된다. 특이한 것은 이때부터 예술에 화폐적인 가치가 매겨져서 거래되고 투자의 대상도 되면서 일부 탁월한 예술가들이 많은 금전적인 보상을 받는 일이 생기는데 이것이 지금의 연예인들이 탄생하게 된 계기가 아닌가 생각된다.

F. 로맨틱 과학자가 생각하는 인류의 '10대 발명'

어느 날 불현듯이 인류의 가장 위대한 발명이 무엇일까? 하는 생각을 하면서 그때까지 공부해온 것을 의지하여 '10대 발명'의 목록을 적기 시작했다. 동물 세계에는 없고 인류에게서만 찾을 수 있고 우연적이었을 가능성은 있지만 한번 발명한 후에는 파급효과에 따라 인류 모두에게 긍정적인 효과를 안긴 것으로 국한하자는 생각을 바탕으로 작업을 시작했다. 이런 것이 대략 열 가지는 있을 것이라는 짐작을 하고 참고서적들도 찾아가면서 거의 온종일 씨름을 한 결과 우연히 딱 열 개의 주제를 찾아냈고 그것을 발생순으로 나열한 것이 아래의 결과이다. 이것을 2년 전에 필자의 Facebook 계정에 올렸는데 당시에는 지면의 제약으로 설명이 부족했던 것을 보완하여 여기 다시 싣는다. 전공이 아닌 부문들을 다룬 결과들이어서 오류가 있을 수 있는 매우 주관적인 것이지만 특정 부문에 대한 편향이 없이 문외한의 관점

최근 태안반도에서 찾은 이 세상에서 가장 맛있었던 간장게장. 불로 음식을 익혀 먹으면서 발달하게 된 미각은 익히지 않고 적절한 저장방법으로 색다른 맛을 내는데까지 발전하게 했다.

에서 넓게 다뤘다는 자평을 하고 있다. 한편 필자 개인적으로는 십 년을 넘게 걸어온 길을 한눈에 관조할 수 있는 방편이 되는 것 같아 은근한 긍지가 느껴진다.

1. 음식 익혀 먹기 : 진화는 방향을 정해 놓고 일어나는 것이 아니어서 어떤 변이도 쓰이지 않으면 도태되고 쓰이면 살아남아서 그 후의 진화의 발판이 된다. 인류의 뇌는 비슷한 시기의 다른 유인원류의 뇌에 비하여 크게 발달하여 이미 초보적인 상징적 사고도 할 수 있었다. 이런 탁월한 지적능력이 공포스러운 불을 의도적으로 관찰

하게 하고 그것을 생활에 이용하여 추운 곳을 따뜻하게 하고 어두운 곳을 밝게 하고 그것을 관리하는 방법을 터득하게 했을 것이다. 그런데 뇌의 생리적인 구조는 매우 에너지 소모적인 것이어서 당시의 영양 섭취상태로는 더 이상의 뇌의 성장은 멎을 수밖에 없었다. 소화 자체에 소모되는 에너지도 상당했기 때문에 하루에 먹는 일에 사용할 수 있는 시간이 한정된 이상 신체 대비 뇌의 비율은 평형상태에 다다르게 되었다. 이 평형상태를 깨뜨린 것이 음식 익혀 먹기였는데 이 바람에 생리적인 뇌의 잉여가 발생하여 이것이 인류의 더 깊은 상징적 사고와 언어능력의 발달로 이어진 것이다. 거기다가 필자와 같은 식도락가들에게 음식의 다양한 맛을 보게 하는 변화까지 이끌어냈으니 이 어찌 위대한 발명이라고 하지 않을 수 있겠는가?

2. **언어와 깊은 상징적 사고** : 상징적 사고능력을 바탕으로 만들어진 언어능력은 더 깊은 상징적 사고를 하게 하는 순환적인 고리가 만들어졌다. 이것이 바탕이 되어 연장도 만들고 미래를 위한 계획도 수립하는 등 모든 면에서 생산성이 향상되어 뇌가 커져서 에너지 소비가 증가하여도 전체적으로는 더 높은 에너지 효율을 얻을 수 있게 되어 자연스럽게 지능이 높아지는 진화의 길이 열리게 됐다. 한편 언어는 일상의 지혜를 스토리텔링으로 후대에 전하는 방편이 되어 나중에 중요한 전통들이 형성되는 계기가 될 뿐 아니라 물리적인 생산성이 현저히 낮아진 할머니, 할아버지들에게 존재의미를 부여해 주기도 했다.

파리의 생사펠 성당의 스테인드글라스. 옆에 있는 노트르담 대성당에 비하여 규모는 작지만 개인적으로는 이 성당의 스테인드글라스가 더 감동적이었다.

3. 종교 : 과학적인 이해가 부족해도 상징적 인식을 할 줄 아는 능력은 돌발적인 자연현상을 절대자의 행위로 해석하게 하여 이에 대한 공포와 경외심을 무속 신앙적인 의식(儀式)으로 다스리는 방법을 만들게 하였다. 시간이 지나면서 조직을 갖추게 된 종교는 정치 세력에게 창조설화로 부족 단위로 결속할 수 있는 방편을 제공했고 나중에는 유일신 사상으로 이웃 영토의 침략을 합리화해 주어 강국을 만들게 했다. 강한 국가와 병행하여 성장한 종교는 헌신적인 예술 활동의 동기가 되어 지금도 수많은 일반인의 감동을 자아내게 하는 작품들을 남기게 되었다. 또, 어느새 그 중심에 정의의 절대적인 기준을 담고 있다는 인식도 생기게 되어 복잡하고 정의

가 묻혀 있어 보이는 현대사회를 살아가는 현대인들의 불안한 마음을 위로해주는 역할을 하기도 한다.

4. 시장과 화폐 : 농경의 시작은 처음부터 잉여농산물의 생성으로 이어졌는데 이것의 물물교환은 점차로 노동의 분업화로도 이어졌다. 이것은 직업 전문화의 계기가 되어 농경사회가 도시화로 전환되는 발판이 되었다. 여기에 화폐가 거래의 수단으로 자리를 잡으면서 1차 산업도 상업적인 수익을 노릴 수 있게 하고 후일에는 제조업, 국제교역, 금융업, 보험업 등이 성장하면서 경제의 규모가 폭발적으로 커지고 많은 일자리가 만들어지는 계기가 됐다.

5. 기록 : 종교적 가르침을 경전으로 남기고 군주에게 축적된 부의 회계 관리 필요가 대두한 것이 문자 발명으로 이어졌다. 처음에는 문자를 쓰고 읽는 능력이 종교와 정치의 상위층에 가까이 있는 서기들만 독점하고 있어서 군주의 치적, 법전, 종교 문서들만 작성이 되었는데 종이와 인쇄술이 발명되고 초등교육이 일반화되면서 모두가 글을 공유하는 세계가 됐다. 통신수단이 발달하기 전에는 이것이 지식과 사상의 보편화에 절대적인 기여를 했다.

6. 아름다움의 추구 : 아름다움이라는 가치를 적용할 수 있는 영역은 수없이 많은데 각각의 영역마다 아름다움의 정의가 다르다. 이성의 짝을 찾을 때는 아마도 평생을 같이 살면서 자식도 낳고 하는 것을 생각하며 건강미를 중요시했을 것이다. 그림의 아름다움은 거

비인의 중앙묘지(Zentralfriedhof)에 있는 모차르트의 기념비. 모차르트는 비인에 역병이 심할 때 죽어서 다른 시신들과 함께 큰 구덩이에 묻히고 말았다. 이 기념비는 시신이 없이 비석만 세운 것이다. 바로 옆에는 베토벤과 브람스를 비롯한 많은 음악가들의 무덤이 있어서 애호가들에게 비인의 여행지로 반드시 추천하고 싶다.

기에 담겨있는 대상이 실제의 모습을 얼마나 제대로 재현했나를 보게 됐을 것이다. 이런 실용적인 기준으로 시작한 것이 그저 보기에 좋은 것을 찾는 단계로 옮아갔다. 이렇게 음악, 미술, 무용, 문학 등의 부문에서 '사치스러운' 아름다움을 추구해온 것이 지금의 정서적인 풍요로움을 가져오게 됐다.

7. **구경거리(Spectacle)** : 스스로 노는 것도 재미있지만 남이 노는 것을 보는 것도 재미있다. 그것이 오랜 수련을 하지 않으면 일반인이 따라 하기 힘든 것이나 다치거나 목숨을 잃을 정도의 위험한 일이면 더 그렇다. 이런 놀이를 조직적인 행사로 만들어서 상업화하고 통치의 수단으로 이용하던 것이 지금의 스포츠와 연예업이 되었고 공연과 영화와 TV 산업의 길도 열어주었다.

8. **공화제(Republicanism)** : 고대 그리스에서 군주만이 모든 결정을 독점적으로 하던 것에 대한 대안으로 제시한 공화제는 우여곡절을 거치면서 현대의 민주주의가 됐다. 혈통에 의한 선택이나 잔혹한 권력투쟁을 거치지 않고도 적절한 능력을 인정받고 합리적으로 일반 대중을 설득할 수 있는 능력을 갖춘 지도자가 베푸는 통치가 왕의 통치보다 나을 수 있다는 획기적인 생각은 일반사회에 능력 위주의 사고방식이 보편화하는 길을 열어주었다.

9. **수학** : 고대의 수학자들은 자연현상을 체계적이고 논리적으로 분석하는 사고방식을 탄생시켜서 현대의 자연과학으로 꽃을 피우게

베로나 아레나에서 공연된 베르디의 나부코의 한 장면

하였다. 과학적인 사고방식은 당면한 문제에 대한 특정 권위자의
직감적인 판단보다는 문제의 속성에 대한 체계적인 분석을 통하여
단계별 계획을 세우고 필요한 재능들을 동원하는 기법을 채용하게
했다.

10. **대학제도** : 물리적인 생존을 위한 지식 습득이 아니라 모든 영역
    에서 호기심을 채우는 노력을 학문으로 만들고 일반적인 생각으
    로는 전혀 생산성이 없어 보이는 연구를 하는 사람들도 연구를 직
    업으로 삼을 수 있는 길을 열어주었다.

이렇게 열 가지 주제를 찾아냈는데 그것들이 현대에 와서는 부

세계에서 가장 오래됐다는 볼로냐 대학교의 고문서 저장고. 닫혀 있는 철창 사이로는 끝도 없는 서가와 가득찬 문서들이 보인다.

정적인 면도 드러내는 것들이 여러 가지가 떠올랐지만, 일단은 긍정적인 면만 고려했다.

G. 무명의 사업부에서 업계 1위 기업이 된 이야기

조금은 동떨어진 이야기가 되겠지만 아직도 옛 동료들을 만나면 시간 가는 줄 모르고 하는 이야기를 처음이자 마지막이 될 책을 쓰면서 빼놓으면 계속 후회할 것 같아서 여기에 싣는다. 굳이 핑계를 대자면 인류의 문명을 다루는 장에서 경제와 기업부문을 제외한 것을 이것으로 때우려고 한 것이라고 해도 된다.

필자가 과학원(지금의 카이스트)에서 2년간의 석사과정을 마치고 1981년에 근무하기 시작한 삼성 반도체는 당시 싸구려 시계용 집적회로(watch chip)를 만드는 회사였다. 볼펜 같은 싸구려 제품에 부착된 손톱만 한 디지털 시계를 작동시키는 반도체 부품을 만들었는데 가마니에 담아 팔아도 돈이 안 된다는 이야기가 나올 정도로 비전이 없던 회사였다. 그런데도 배운 것이 도둑질이라고 학교에서 배운 것을 적용할 수 있는 회사를 찾아간 곳이 이곳이었다. 재미 과학자인 강기동 박사가 세운 한국반도체라는 회사를 이병철 회장께서 중요한 사업으로 생각하시고 아들인 이건희 회장도 투자에 적극적이어서 인수한 회사였다. 그래서 지속해서 경영실적이 좋지 않아도 문을 닫지 않고, 당시 실적이 좋던 삼성전자로 옮겼다가 다시 교환기 사업을 하던 한국전자통신(당시 삼성 계열회사)에 합병시켜서 삼성반도체 통신으로 이름이 바뀌게 됐다. 만년 천덕꾸러기로 여겨지는 회사에서 비전이 보이지 않는 일만 하다가 큰 전기가 마련된 것이 이병철 회장께서 메모리 사업을 선언하신 것인데 친분이 있는 일본의 기업인들로부터 반도체 사업을 제대로 하려면 메모리를 해야 한다는 충고를 받아들여서 결심하신 것이다. 곧바로 일본의 Sharp 사와 미국의 Micron Tech라는 회사의 기술이전을 받기로 계약이 이루어졌는데, 양사가 다 경영의 어려움을 느끼고 있을 때였고 어느 누구도 삼성의 사업 성공 가능성이 1%도 안 된다고 판단하고 있을 때여서 순조로운 계약이 가능했던 것 같다.

급하게 신규사업의 기획을 위한 TFT가 만들어져서 필자는 자원하다시피 이 부서에 가담했다. 한쪽에서는 공장부지를 구하고(기흥이 선정됨) 한쪽에서는 공장건설을 위한 설계를 했는데 필자는 Sharp 사에서 받아온 공장 도면과 설비회사 홍보자료에 적힌 규격치를 찾아가면서 모눈종이에 서툰 설계도를 그리던 기억이 난다. 반도체 제조 공정의 물류를 상상해서 가장 적게 움직이면서 주어진 면적에 가능한 한 많은 설비를 놓기 위해 설비가 촘촘히 배치된 구조를 만들었는데 나중에 그대로 만들어진 공장에 들어가서 좁은 공간에서 보수

작업을 하는 설비 엔지니어들을 보고 느낀 미안한 감정은 지금도 그 대로 살아난다.

이 설계를 마치고 공장건설이 진행되는 동안 기술이전을 위하여 Sharp와 Micron에 파견할 기술이전팀이 결성됐는데 필자는 Micron팀에 배속되었다. Micron은 창업주가 이직과 전직이 많은 실리콘밸리를 떠나서 충성도가 높은 직원들을 채용하기 위하여 Idaho 주에 설립한 회사였는데 미국 입국 비자 면접을 하면서 기술이전을 위해 Idaho에 간다고 했더니 미국 대사관 영사가 "What's in Idaho?" 하고 반문하던 것이 기억난다.

너무도 많은 에피소드가 있는데 다 생략하고 그야말로 우여곡절 끝에 이전받은 기술로 유명한 64K DRAM의 개발에 성공했다. 엄밀히 말하면 설계는 남이 해준 것을 그들이 보내준 원부자재와 제조 공법으로 만들어서 IC 한 개가 겨우 동작한 것인데 그 바람에 세계 세 번째의 메모리 개발 성공이라고 언론에 대서특필 되었다. 세계 세 번째라는 것은 정확하지만 당시 미국과 일본에 각각 10개 정도의 메모리 업체가 양산하고 있었으니 당장에 양산을 시작해도 기업의 순위로는 20위 밖에 서는 정도의 일이었다. 어쨌든 그렇게 해서 1984년부터 양산을 시작했는데 세계 시장은 기업 간의 극렬한 경쟁으로 당시 $1 정도에 팔리던 64K DRAM의 우리 원가가 $2 정도였으니 하나 만들 때마다 $1씩 얹어서 파는 꼴이었다. 그런데 쥐구멍에도 볕 들 날이 있다고, 미국 기업들이 일본기업들이 덤핑으로 불공정거래를 한다고 고소를 하고 1986년에 미·일반도체협정이 체결되어 메모리 가격이 올라가는 바람에 그 덕을 삼성반도체가 고스란히 받게 된 것이다.

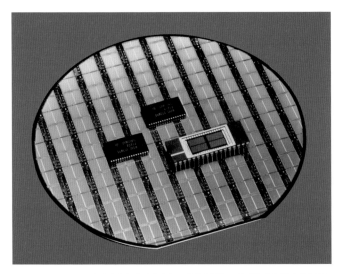

64K DRAM, 1983년에 세계에서 세 번째이자 우리나라 최초로 개발한 상용화된 반도체로 8천자의 글자를 기억할 수 있는 VLS(초고밀도 집적회로)급 반도체이다. [삼성전자]

이 덕분에 그때까지의 누적적자를 한꺼번에 회복하여 한숨을 돌릴 수 있었는데 다시는 그와 같은 처지에 빠지면 안 된다는 판단으로 가격의 기복이 심한 현물시장보다는 충성도가 높은 장기고객과의 거래가 살길인 것을 깨닫고 IBM, Intel 같은 기업들의 기준에 맞는 품질관리 체제를 도입하고 한쪽으로는 주요 기업들과의 장기계약을 하나둘씩 성사시키고 다른 한쪽으로는 경쟁사에 앞선 투자와 내부의 수율 향상 활동으로 생산성을 지속해서 높이기 시작했다. 반도체는 유명한 무어의 법칙에도 나오듯이 IC 회로의 집적도[187]가 2년마다 2

---

187) 주어진 면적에 넣는 소자의 밀도를 말하는 것인데 집적도가 높을수록 원가가 싸지고 성능이 빨라지고 전력 소모가 줄어드는 효과가 있다.

메모리 사업부에서 오래 근무했던 부서를 떠날 때 받은 감사패. 반도체 집적회로의 기본적인 재료인 실리콘 웨이퍼에 새겼다.

배씩 증가하는 추세를 보였는데 이 경쟁에서 세계의 모든 경쟁사보다 1년 이상을 앞서는 것이 목표였다. 결과적으로 우리는 주요 IT 기업들이 선호하는 공급원이 됐고 그들의 전략적인 사업의 메모리 부품 선행개발에 참여하는 기회도 얻게 됐다. 이에 더해 반도체 제조 설비업체들의 신설비 개발 파트너로도 지정이 될 수 있어서 업계 내의 경쟁에서 지속해서 앞서 나갈 수 있게 된 것이다.

더 이상의 자세한 이야기는 이 책의 주제에도 적합하지 않을 뿐만 아니라 이미 여러 채널로 공개돼 있으니 여기서 줄이기로 하고 필자로서 더 중요하게 생각하는 부분으로 넘어가기로 한다. 아무도 가능성을 인정하지 않은 보잘것없는 작은 회사가 거대한 규모의 시장에서 사업 전개 10년 만에 업계의 최고 자리를 차지하게 되는 유래가 세계역사에 한 번도 없었던 것으로 생각한다. 이것은 위의 짧은 설명에 묘사된 우연적인 요인들과 몇 가지 전략의 성공이 기여한 것은 틀림이 없지만, 그 일에 직접 가담한 사람들끼리는 독특한 조직문화가 없이는 절대로 불가능했을 것이라고 확신하고 있어서 그것에 대한 긍지를 더 크게 느끼고 있다. 애초부터 불가능해 보이는 일을 실현하기 위해 준비과정에서부터 실행까지 한발 한발 전진하면서 다져진 동료의식은 앞 부서의 착오를 다음 부서가 불만 없이 회복시키는 것에서 시작해 선행단계의 착오에 대비한 전략을 세워두는 등의 방법으로 촘촘한 보호망(safety net)을 구축하는 결과 등으로 나타났다. 그래서 그 당시의 동지들은 어려운 상황에도 이직하는 일이 거의 없었고 그 동지들끼리는 지금도 만나기만 하면 그때의 추억으로 시간 가는 줄 모르고 수다를 떨게 된다.

XI. 눈에 보이는 것이 진실의 전부가 아닌 세상

적이 제공하는 진실은 받아들이지 않는데,
정작 친구들은 진실을 말하지 않는다.
**Men will not accept truth at the hands of their enemies,
and truth is seldom offered to them by their friends.**
알렉시 드 토크빌 Alexis de Tocqueville

세상에서 변하지 않는 것은 변화 자체이다.
The only constant in life is change.
헤라클레이토스 Heraclitus

진흙 속에 묻혀 있는 모든 독이여, 깨어나라.
Let all the poison that lurks in the mud, hatch out.
로버트 그레이브스 Robert Graves

인류는 본능적으로 편향적인 생각을 하도록 진화하였음은 앞에서 언급한 바와 같다. 복잡한 사회에 잘 적응하기 위해서는 의도적으로 이런 태도를 취하는 것이 정신건강에 더 이로운 측면도 있다. 그러나 이런 추세가 지속이 되면 한쪽의 시각으로만 사물을 대하게 되어 진실에 대한 왜곡이 일어나게 되고, 처음에는 높은 이상을 품고 시작된 일이 시대의 흐름에 따라 사소한 시각의 차이에 도가 넘는 다툼을 초래하여 애초의 취지를 훼손하는 일이 빈번하게 일어나게 된다. 이 장은 이런 사례를 몇 가지 들어서 우리의 일반적인 사고의 맹점들을 짚어 보고자 한다.

A. 빈부격차는 농경사회의 시작부터 존재해왔다

농경의 정착은 곧바로 잉여농산물의 생산으로 이어졌는데 이것은 바로 빈부격차의 탄생을 의미했다. 더 많이 수확하면 더 많이 먹을 수 있다는 기본적인 생각은 여분의 수확물의 상업적 가치를 깨닫는 것으로 이어졌고 이것은 농업 이외의 산업부문에도 적용되었다. 탐욕적인 동기가 개입되지 않고도 생산성 경쟁이 일어나게 되었는데 성공하는 사람과 실패하는 사람 간의 격차가 생기게 되었다. 이렇게 특별한 의도가 없더라도 시장경제 체제 아래에서는 빈부격차는 태생적으로 발생하게 돼 있는데[188] 이것 자체를 불평등 사회의 상징인 것처럼 선동하여 정당하게 이룬 부도 악으로 모는 것의 문제가 여기에 있

---

188) 이 때문에 공산주의 또는 계획경제 체제를 대안으로 제시하는 일이 종종 있는데 이 것은 중앙에 부패가 발생하는 위험이 상존할 뿐만 아니라 자유로운 경쟁을 억누르게 되어 전체적인 효율이 감소하는 결과를 초래한다.

잉여농산물의 축적으로 힘을 기른 지도층은 사회적 특권을 보존하기 위한 계층적 질서를 구축하게 된다. 그 체제 안에서 힘없는 백성과 노예를 동원해서 이루어 놓은 위대한 유적들이 현대에 와서 해당 지역의 관광산업의 주요한 수익 수단이 되는 것이 여러 가지를 생각하게 한다.

는 것이다. 빈부격차 자체보다는 하위계층에 속한 사람들에게 공정한 기회가 적어지는 것이 문제인데 이것에 대한 해결책을 모색하기도 전에 빈부격차만 줄이면 모든 문제가 저절로 해결될 것이라고 호도하는 것이 결과적으로는 오히려 빈부격차의 고착화를 초래할 수 있는 것이다.

거부들에게 그 부를 이룬 사회안전망의 사용에 대한 보상적 차원으로 합리적인 수준의 세금을 징수하는 것이나 몇 세대를 걸쳐서 쓰더라도 다 쓸 수 없을 정도의 부를 이루고도 탐욕스럽게 더 버는 일에만 집착하는 경우는 이들의 행동이 일반사회에 미칠 수 있는 여파를 고려하여 별도의 규제를 하는 것 등의 고려는 필요해 보인다. 불법적인 행동의 증거가 있으면 그것은 사법적으로 다룰 일이다. 물론 이들이 막대한 자금을 바탕으로 유능한 변호사들을 고용하여 조세제도의 허점을 악용하는 일이 종종 발생하고는 있으나 이것조차도 빈부격차 자체의 문제라고 볼 수는 없고 세부적인 세금 징수 절차와 관련한 별도의 문제로 이해되어야 한다는 것이 필자의 생각이다.

그런데도 의도적이든 의도적이지 않든 이 두 문제를 마치 하나의 문제인 것처럼 무모한 시도를 했다가 혼란을 일으키는 사례를 종종 보는데 이런 혼란은 오히려 이 두 문제의 해결을 어렵게 만드는 결과를 초래한다. 오히려 거부들이 일부러 이 둘을 교묘히 섞어서 후자의 문제가 마치 일반인들의 기본적인 재산권과 동일한 문제인 것처럼 포장하는 경우도 있어 보인다.

B. 전쟁의 성격과 목적은 시대에 따라 변한다

잉여농산물의 생산은 군사 전문가를 겸한 엘리트층의 존속이 가능하게 했고 아직 농업기술이 미진한 상태였기 때문에 잉여농산물의 생산에 유리한 지역을 유지하거나 차지하기 위한 전쟁이 잦았다. 전쟁에서 승리하기 위한 전략은 상대방에 큰 피해를 줘서 더는 싸울 생각을 하지 못하게 하거나 위험부담을 갖고 치르는 전쟁에서 가능한 많은 이득을 얻는 것이었다. 구체적으로는 노획품과 영토의 확장이 목표였는데 종종 포로 체포도 빼놓을 수 없는 목표였다. 포로는 부족한 노동력의 보충을 위한 노예로 활용되는 경우가 많은데 군주의 궁전이나 신전이나 성벽과 같은 대규모 공사에 절대적으로 필요했다. 심지어는 노예 확보를 위한 전쟁도 벌어지곤 했다.

무기와 전술 측면에서 농경사회 이전의 사냥과 흡사하던 모습은 전차(戰車)와 말을 사용하여 전투 현장의 기동력이 높아지면서 크게 변하기 시작했다. 이로부터 보병 위주의 전쟁에 전차나 말을 이용하여 속도를 올린 공격이 효과를 올리면서 희소가치가 있는 특수한 무장을 소유할 수 있는 전사는 사회적으로도 상위의 지위를 차지하고 승전에 따른 보상도 많아졌다. 이것이 장교계급의 기원이 됐다. 그러나 군대 전체의 기동력은 가장 느린 보병의 속도에 맞출 수밖에 없었고 많은 양의 보급품을 수송할 수 있는 능력이 없었기 때문에 현지에서 노략질에 의한 보급에 의존할 수밖에 없었다. 이에 비하여 현대전에서는 군대의 이동속도가 워낙 빨라지다 보니 현지에서의 보급이 곤란하여 자체적인 보급 대책을 세우지 않으면 안 된다.

무기의 측면에서는 초기의 창검이 화약을 이용한 대포와 소총으로 대체된 큰 차이도 있지만, 산업혁명을 거치면서 도입된 탱크, 전함, 항공기 등의 역할은 국가의 경제력과 전투력의 상관성을 나타내는 잣대가 되어 평시 국방정책에 중요한 전략적 과제가 되었다. 한편 전자기술의 놀라운 발달과 함께 도입된 통신기술은 본부와 전방 간의 긴밀한 연결을 가능하게 하여, 병행하여 발달한 여러 가지 관측 수단과 접목이 되면서 실시간으로 변하는 전장의 정보가 전투의 승리에 큰 기여를 하게 되었다.

제국주의 시대와 20세기 하반기 이후는 강한 경제력을 전쟁에 활용하는 방식에 있어서 근본적인 차이를 보였다. 제국주의 시대는 전쟁을 치르기 위해 경제력을 군대의 규모를 키우는 것에 활용했다. 그 규모의 시각적 효과를 살리기 위해 멋진 제복을 입히고 훈련을 잘 시켜서 적의 포환과 탄환이 빗발치는 상황에서도 깃발을 따라 질서 정연하게 전진하여 적진을 점령하는 전술을 사용하였다. 자국의 병정을 총알받이 정도로밖에는 생각하지 않는 전술이어서 지금은 생각도 할 수 없는 전술을 그 당시에는 훌륭한 지략으로 생각했다. 이에 반해 이 제국들을 대체한 20세기의 강국들은 인명에 대한 인식이 현저하게 높아지고 일선의 전쟁 장면이 실시간으로 전 세계로 보도되는 상황에서 과거와 같은 소모적인 전술을 사용할 수 없게 되어 특수부대나 원거리 무기를 사용해 적의 지휘통제 체계를 마비시키는 것이 주요한 전략으로 자리 잡게 된다. 그런데 강국과 약소국의 대전이 일어날 때는 약소국은 과거의 방식과 흡사한 소모적인 전술로 대응하게 되기 때문에 일단 전장에서 맞붙게 되면 그 방식에 부분적으로라도 맞추지 않을 수가 없게 된다. 20세기 중반의 한국전쟁과 베트남전쟁과 20세기 후반과 21세기 초반에 걸쳐서 아프가니스탄에서 소련과 미국이 치렀던 전쟁이 이런 예에 속한다. 수치상으로는 비교도 할 수 없는 군사력을 가지고 있으면서도 목숨을 내던지고 달려드는 적에게는 영토를 빼앗아서 장기간 유지하는 것이 견디기 어려운 인명의 손상을 초래한다는 것을 뒤늦게 깨닫고 후퇴를 결정할 수밖에 없게 된 것이 역사의 명확한 기록으로 남아있다. 2022년 3월, 러시아의 우크라이나 침공은 마치 20세기 초반의 전략을 답습한 것과 같은 잔혹한 모습을 보여 전 세계를 경악하게 하고 있는데 최종적인 결말을 예단하기는 무리가 있지만, 또다시 아프가니스탄 때와 유사한 결과가 나올 징후가 농후하다.

양대 세계대전을 치르면서 그런 식으로 국가의 자원을 집중적으로 동원해야 하는 전면전은 국가적인 사업에 참여한 기업에 대한 정부의 신뢰를 높이고 일시적으로 상당한 규모의 실적을 내게 하기는 했지만, 전쟁이 길어질 때 상업적인 영업활동에 대한 제약으로 후발 기업에 좋은 성장의 기회를 내주는 부작용을 초래하게 됨을 깨닫게 했다. 따라서 21세기에도 20세기와 같은 대규모 전면전을 준비하려면 대기업들의 비협조에 부딪히게 될 가능성이 크다. 그 사이에 전시 민간인의 피해(collateral damage)에 대한 우려와 일반적인 인명 중시 사상의 고취로 선진국 사이에는 전면전의 발발 가능성이 점점 희박해지고 있다.

C. 야사(野史)와 같은 한국전쟁의 정사(正史)

2차대전을 승전으로 이끈 미국에서는 자국의 국력과 군사력에 대한 새로운 인식과 참혹한 전쟁에 대한 경험을 토대로 다시는 그런 전쟁은 되풀이되지 않을 것이라는 낙관적인 추정을 하게 됐다. 그래서 오랜 전쟁을 치르면서 규모가 커진 군대를 축소하고 잔인성을 띠게 된 군대를 온순하게 변화시키는 의도적인 조치들을 시행했는데 이 과정이 다 끝나기 전에 한국전쟁을 맞게 됐다.

필자의 부모세대는 한국전쟁을 직접 체험하여 조금 과장을 하면 집단적 트라우마를 앓고 있는 동시에 잿더미 위에서 일군 기적적인 성공에 대한 긍지로 후대의 선택에 대해 강한 간섭을 한다. 세대 간에 이견이 벌어지면 '너희는 겪어 보지 않아서 몰라.'라는 식의 지적으로 그 어떤 논리적인 설득이나 토론도 원천적으로 봉쇄한다. 국가적으로는 다시는 북으로부터의 침략을 허용하면 안 된다는 다짐으로 반공 이념을 강화하고 앞이 잘 보이지 않는 상황에서 재건의 의지를 살려내기 위해 민족적 긍지를 고취하고 강한 군대의 전통을 세우기 위해 영웅적 에피소드들을 홍보하기 시작했다. 한국전쟁에 대한 우리의 정사는 이런 바탕에 기록되어 필자와 비슷한 세대들의 초등 교육의 중요한 부분을 차지하게 됐다. 줄곧 아무런 불편 없이 살아오다 남의 역사를 공부하면서 불현듯 우리 현대역사의 중요한 부분에 대한 지식이 너무 얕다는 자각이 들어서 찾아본 책이 필자의 인식에 큰 변화를 일으키게 됐다. 아래의 내용은 미국인이 쓴 두 권의 책을 읽고 새로 알게 된 것의 요약이다. 한 권은 일선 장교로 이 전쟁에 참전했던 사학자가 쓴 것[189]이고 또 한 권은 맥아더 장군에 대해 비판적인 의식이 강한 한 언론인이 쓴 것[190]이다.

한반도에서 일어난 전쟁이어서 한국전쟁이라고 불리지만 이 전쟁은 북한이 앞장서고 소련과 중국이 뒤에서 받쳐준 공산 연합에 대항한 미국의 전쟁이었다. 유엔군이 연합군으로 참전하기는 했지만, 미국이 자국의 개입을 합리화하기 위한 위장에 불과했던 것이고 우리 측에서는 전쟁에 대한 것은 모두 미군이 주도하였다. 당시 소련은 아시아에서 공산권을 확장할 생각으로 신탁통치를 맡았던 북한에 김일성을 세우고 강한 군대를 만들어 주고 김일성이 전쟁을 일으키는 것을 묵인해주기는 했지만, 동유럽에 신경을 쓰느라고 이쪽에 직접 개입은 하지 않았다. 소련과 아시아라는 텃밭을 두고 경쟁 관계에

189) T. R. Fehrenbach, "This Kind of War", 1963

190) David Halberstam, "The Coldest Winter, America and the Korean War", 2007

있던 중국은 처음에는 한국전쟁에 중립적이었지만 미국의 침략을 받을 위기를 감지한 후에 적극적으로 개입하여 전세를 전환하는 결정적인 계기를 만들게 된다.

한국전쟁 발발 당시 도쿄에는 일본을 미국의 입맛에 맞게 재건할 목적으로 미군 군정 사령부가 설치되어 태평양 전쟁의 영웅인 맥아더 장군이 사령관으로 배치돼 있었다. 동구의 공산화가 신경에 거슬리던 미국 정부는 맥아더에게 한반도의 전쟁에 개입할 것을 지시했는데 온순한 작은 군대로 준비가 잘된 북한 인민군을 상대하기에는 역부족이어서 한 달 만에 낙동강까지 밀리게 됐다. 일단 낙동강에 최후의 방어선을 구축하고 정예부대로 충원하여 인민군의 기세를 꺾은 다음에는 유명한 인천상륙작전을 감행하여 기대 이상의 성공을 거뒀다. 이 작전이 성공하자 미군 내에서는 서울과 부산 사이에 갇혀 있는 인민군을 섬멸하는 것과 북진하여 적의 본부와 중국을 노려보는 것 중의 하나를 선택해야 했는데 맥아더는 후자를 선택했다. 당시 이승만 대통령도 후자에 찬성하는 입장이었는데 그 의견이 맥아더에게 얼마나 영향을 끼쳤는지는 필자로서는 알 수가 없다.

북진의 속도는 기대 이상이어서 인천 상륙 1개월만인 10월경에는 서쪽으로는 평양 이북까지 동쪽으로는 원산과 함흥을 잇는 지역까지 진격할 수 있었다. 이미 이때부터 압록강 건너편에 대규모의 중국 병력이 밀집해 있다는 정보가 있었으나 맥아더는 자국의 군사력에 대한 과신과 아시아의 공산화에 일침을 가하여 큰 공을 세워보겠다는 야욕[191]으로 그 정보를 무시하고 진격을 계속했다가 하필이

---

191) 차기 대선 후보를 꿈꾸고 있었다는 주장도 있다.

면 그 해 닥쳐온 기록적인 추위와 중국의 인해전술에 밀려 다시 평택까지 후퇴하고 말았다.[192] 아무리 현대화된 무기와 이동수단을 갖추어도 목숨을 버리면서까지 파도와 같이 산에서 내려오는 중국군을 당할 수가 없었던 것이다. 전세를 가다듬어 다시 당초의 38선과 엇비슷하고 현재의 휴전선 근처까지 회복한 것은 1951년 5월 경이었으니 양측이 다 일년 동안 무수한 인명의 피해를 당하면서 겨우 원상회복 수준만 유지한 것이다.

더 이상의 확전이나 전쟁의 연장을 무의미하게 생각한 미국 행정부는 이미 이 때부터 휴전에 대한 이야기를 꺼내기 시작했는데 자존심이 상한 맥아더를 달래서 결국 1951년 7월 10일에 첫 회담을 가졌다. 거듭되는 회담은 속결을 원하는 연합군 측과 회담장의 다툼을 또 다른 투쟁으로 여기는 듯한 북한과 중국 측의 지연 작전으로 이로부터 2년 이상이 더 걸렸는데, 아무런 전략적인 의미도 없이 시간이 흘러가는 동안 양측의 인명을 앗아간 지리한 전투는 끊이지 않았고 회담의 결과로 얻어진 협정은 종전이 아닌 휴전 협정이어서 70년이 되가는 아직까지도 군사적인 대립상태가 유지되고 있다.

역사에 '만약에'라는 가정은 전혀 의미가 없는 것이지만 매우 흥미로운 상상을 가능하게 해주고 잘만 활용하면 후일의 비슷한 상

---

192) 중공 인민군의 남침 과정에서 벌어진 장진호 전투(Battle of Chosin Reservoir)라는 유명한 전투가 있는데 함경남도에 있는 장진 저수지 근처에서 벌어진 전투에서 패전 속에서도 미국 해병대가 용감하게 싸우면서 성공적인 퇴각을 한 사례로 꼽히는 전투여서 이것을 기념하여 미사일 순양함을 건조하면서 USS Chosin이라고 명명을 하였다. 장진 저수지가 Chosin으로 발음이 되는 이유는 당시 이 지역의 정밀 지도는 일본총독부에서 만든 것 밖에 없어서 그것을 사용하면서 굳은 것이다.

황에서의 교훈 거리가 될 수도 있다. 한국전쟁에 대해 필자가 가장 궁금해하는 '만약에'는 맥아더가 1950년 10월경에 평양과 원산을 잇는 전선을 구축한 다음에 정보당국의 충고를 받아들여서 야욕을 버리고 진격을 멈췄으면 어떻게 됐을까? 하는 것이다. 유리한 상황에서 협상 테이블로 끌어내어 서쪽으로는 사리원과 평양 사이와 동쪽으로는 원산과 함흥 사이를 잇는 국경을 형성하는 평화협정을 맺을 수 있었다면 어떻게 됐을까? 국제적으로 공산당의 위신에 굴욕을 안긴 김일성이 숙청의 대상이 됐을까? 척박한 좁은 땅만 차지한 울분에 지속해서 더 처절한 도발을 감행했을까? 남북한이 더 빨리 가까워지는 계기가 만들어지지 않았을까? 등등의 생각들이 줄줄이 떠오른다.

D. 종교적 근본주의의 문제

이 세상에서 변하지 않는 것은 변화 자체라는 것을 모르거나 동의하지 않는 사람은 없다. 그럼에도 종교계는 속성상 보수성향으로 기울 수밖에 없다. 어떤 종교도 시초부터 여러 지역으로 전파될 때마다 지역마다 조금씩 다른 모습을 갖게 되고 부가적으로 세월의 흐름에 따른 많은 변화가 있었음은 종교계 내부의 역사에도 명확하게 남아있다. 마틴 루터의 종교개혁 경우에는 초심을 잃었다는 판단으로 큰 개혁을 주장하고 갈라져 나와서 개신교의 기원이 됐다. 일단 분리된 이후에는 구교 측의 성서해석 오류를 지적하면서 새로운 해석을 바탕으로 정통성을 주장하게 되어 결국 구교나 신교가 같은 경전에 신앙의 바탕을 둔 상태에서 대항하는 모순이 나타나게 됐다. 이런 모순은 그 이후에 나타난 개신교 내부의 분파에서 서로 경전의 수구적인 해석이 정통성의 잣대가 되는 것과 같은 논리가 세워지게 됐다.

이렇게 오래된 경전에 신앙의 바탕을 둔 종교에서 경전의 해석을 문자적으로 하면서 세속의 일상까지 경전의 가르침을 따라야 한다고 믿는 경우 이것을 종교적 근본주의라고 일컫게 된다. 이런 경우에 과학적 해석이 금지된 성스러운 영역이 암묵적으로 설정되어 과학적인 접근이 원천적으로 차단되고 시대의 흐름에 따른 사회적인 변화를 큰 위험요소로 간주하는 경향도 띠게 된다. 이런 인식으로는 현대사회의 수많은 부조리가 사회의 세속화에서 비롯된 것이라고 믿게 되기 때문에 정교분리(separation of church and state)를 잘못된 것으로 생각하기도 한다. 이슬람 세계에서는 근본주의에 서구의 탐욕으로 희생이 됐다는 피해의식까지 겹쳐서 그야말로 목숨을 걸고 무력으로 투쟁하는 일부의 극단적인 세력들이 테러집단을 결성하는 일이 빈번하게 일어났다. 또, 이란에서는 혁명을 거쳐서 종교 지도자가 국가의 수장을 겸하는 이슬람 공화국이 탄생하게 됐고 시리아에서는 무력으로 회교국(caliphate)을 세우려고 하는 세력이 내란을 일으키기도 했다.

그러나, 특히 세속화가 많이 진행된 서구 유럽에서는 과학적 해석이 우세한 영역이 점차로 확장하면서 기독교 내에서도 경전과 교리의 해석을 보다 개방적으로 하자는 일부의 주장이 나오게 됐는데 근본주의 진영에서는 이런 주장에 대해 여기서 한발이라도 물러나면 전부를 내줄 수도 있다는 위기감이 특히 미국과 우리나라의 일부 개신교 쪽에서 강하게 일어나고 있다. 아직은 이슬람에서 보이는 것과 같은 극단적인 예는 보이지 않고 있지만, 성경의 진보적인 해석을 일절 받아들이지 않는 성경무오설(biblical inerrancy)을 주장하는 신앙인들도 상당히 있다. 또한, 주로 미국에서 자신을 복음주의자(evangelist)로 불러서 예수의 사도(使徒) 역할의 이행자로 자처하고 있는 신앙인들이 대형 교회를 세우는 일이 늘어났는데 이들은 미국이 기독교 위에 세워진 것이라는 암묵적 신념도 공유하고 있다. 이런 종교적 근본주의자들은 한번 결속을 하면 좀처럼 와해되는 일이 없어서 어떤 논리로도 전향이 잘 안 되는 특징을 가지고 있다. 원칙적으로 타 종교에 대한 수용이 배제되어 타 종교와의 갈등요인이 상존하게 되고 특정 정치세력과의 이념적 접목이 이루어지면 선거에서 큰 힘을 발휘할 수 있게 된다. 미국의 트럼프 공화당이 이것의 대표적인 예가 된다. 여기에는 복음주의가 뿌리를 내린 지역이 하필이면 총기 소유에 대한 권리를 옹호하는 지역과 겹쳐지는 현상으로 기독교와는 직접적인 상관이 없는 외적인 요인으로 결속력이 다져지는 효과까지 일으키고 있다.[193]

우리나라에는 하필이면 미국의 복음주의 교단과 뿌리가 같은 계열에서 전파한 개신교에서 성장한 기독교인들과 한국전쟁을 겪어서 친미 반공 이념이 아주 강한 세대의 합집합이 기독교와 직접적인 관련이 없이 결성된 보수정당과 기묘한 연계를 이루면서 나란한 길을 가고 있는 현상이 나타나고 있다.

---

193) 미국 헌법의 수정 조항 2항(Second Amendment to the US Constitution)에는 국방을 위한 민병조직의 유지 필요하여 총기 소유에 대한 권리는 침범할 수 없는 것임을 천명하고 있다. 영국으로부터 나라의 군대가 없이 독립전쟁을 치러야 하는 상황에서 총기를 들고 영국제국에 항전하는 것이 임의적인 반란이 아님을 내세우는 뜻으로 만들어진 문장을 당시와는 근본적으로 달라진 상황에서 자동화 소총까지 소지하고 싶은 수준 낮은 소유욕의 빌미로 사용되고 있다.

E. 포퓰리즘에 변질하는 민족주의와 민주주의

이동이 자유로운 현대인의 눈으로는 다른 나라 사람들의 생김새, 언어, 의복, 음식, 주거형태 등이 쉽게 구별되어 서로 다른 민족으로 구분하는 것이 어렵지 않다. 그런데 근대 이전의 서민들은 거주지의 봉건적 영주는 존재는 가까이 느껴도 나라님은 전쟁으로 바뀌더라도 그것을 체험적으로 느낄 수가 없었을 테니 국가나 민족 같은 개념에 근거한 정체성은 아예 존재하지 않았다. 선박 건조술과 항해술이 발달하여 원거리의 국제교역이나 전쟁이 가능해진 다음부터 원정에서 신기한 사람들을 접촉하고 돌아온 사람들과 그 사람들의 이야기를 들은 사람들이 점점 나라 밖의 사정에 눈을 뜨게 되면서 민족적인 정체성이 싹트게 됐다.

바야흐로 국경이라는 개념의 터전이 만들어진 것으로 생각할 수 있다. 처음에는 단순히 경계를 구분하는 표식(예: 고개, 강, ……)을 정하는 것에서 시작하여 나중에는 지도 같은 것에 선으로 표시하는 것으로 발전했을 것이다. 물론 대부분 국경선은 지도상(대부분 매우 부정확할 뿐만 아니라 지도 제작자의 주관적인 생각이 반영된)에 그려진 선에 불과할 뿐이었고 접경 지역의 정착민들에게는 조세 징발이나 주로 전쟁을 위한 인력 동원이 있을 때 어느 쪽으로 빼앗기는가가 어느 국가의 백성인가를 가늠하는 기준이 됐을 것이다. 프랑스와 독일 접경의 알자스 지방은 이곳을 놓고 벌이는 잦은 전쟁으로 현재는 Strasbourg 라는 독일식 철자로 표기하고 '스트라스부르'라고 불어식으로 발음하는 예쁜 마을을 잦은 다툼의 흔적으로 남겨 놓고 있다. 몇 년 전에 봤던 "Frantz"라는 영화는 1차 세계대전에서 한 독일 청년이 죽은 후 이 지역의 양쪽의 독일 처녀와 프랑스 청년 간에 일어나는 사랑을 그린 아름다운 영화였는데 그 영화에 담긴 양쪽 백성들의 민족의식이 잘 표현되어서 인상적이었던 것으로 기억하고 있다.

이런 민족적인 의식은 왕정이냐 공화정이냐를 가를 필요 없이 일정한 지역에 모여 살면서 일어나는 유대감에서 자연발생적으로 일어났다고 볼 수 있다. 그러나 위정자들에게는 이런 감정이 국가의 비상시에 모두를 위하여 개인의 희생을 유도하는 기회가 됐다. 왕정 시대에는 그나마 신성시(조직적인 종교의 지원이 크게 기여했을 것임)된 왕권에 대한 충성심에 상당한 기대를 할 수 있었다. 그러나 민주주의를 표방하면서 공화정으로 돌아선 이후에는 과거와 같은 충성심을 이끌어내기 위해 이념이라는 정치적인 도구가 필요해졌다. 이로부터 정치인들의 역할이 그 사회의 고른 발전과 절차의 공정성을 이루는 일에 중요해진 것이다.

정치인들이 바른 시민의식으로 무장이 되어 진정한 봉사 정신으로 공직에 임하는 것이 우리가 학교에서 배우고 바라는 바이다. 그런데 지금 눈에 보이는 현상으로는 그런 사람은 별로 없고 순전히 직업적인 정치인만 눈에 띄는 것 같다. 이런 정치인은 유권자의 지지를 얻어내는 것을 최우선 목표로 두고 희생이 따르는 어려운 문제들은 다루려 하지 않고 인기몰이를 하듯이 지지자들의 귀에 솔깃한 말만을 일삼는다. 지도자가 될 사람이 지지자들에게 쓴소리하지 못하고 달콤한 소리만 하면 우매한 지지자들은 자기들의 생각이 옳은 것으로 믿고 그 지도자 밑에서 그런 달콤한 세상을 맞는 꿈을 꾸게 된다. 그 지도자가 공직에 선출이 된 다음에 공약을 이루지 못하게 되면 습관적으로 상대 당의 방해 공작을 탓하면서 위약에 대한 핑계를 돌리는데 원래부터 상대 당에 대해 의심하고 있던 지지자들의 열렬한 격려를 듣게 된다. 사안의 옳고 그름보다는 단편적인 결정에 대한 지지자들의 지지율 추세만 중요해지는 상황으로 전환이 된 것인데 이것은 전통적인 정치라기보다는 설문조사와 통계적 분석이 중요해진 '정치 공학'에 가까워 보인다.

정치를 함에 있어서 엘리트층의 이해보다 대중의 의견을 중시한다는 기조로 시작된 Populism은 20세기 말 이후 원래 고고한 취지는 사실상 유명무실해지고 우매한 백성들을 선동하여 정당들의 공표된 정강·정책과는 큰 상관이 없는 부차적인 이해를 추구하는 이상한 정치체제를 탄생시키게 됐다. 앞에서도 살펴봤듯이 고대 그리스에서 창시된 민주주의는 의회 참여와 발언의 평등권을 보장하는 제도여서 이것을 절차적으로 충실하게 따른 후에 다수결로 이룬 결정에 대해서는 아무도 이의를 달지 않게 돼 있었다. 그런데 요즘의 정치 행태는 충분한 토의보다는 정당의 정치적인 입장을 내세우는 수준의 형식적인 논쟁에 머물고 졸속 또는 편법으로 표결에 부쳐버리는 일이 빈번하니 이것을 민주주의라고 하기보다는 '다수결의 횡포'라고 하는 것이 더 적합해 보인다. 투표율이 낮아져서 다수라 하더라도 과반이 안되는 경우가 태반이니 보편적인 민의를 받든다는 주장도 할 수 없다.

이런 민주주의나 민족주의보다는 상시로 진정으로 민의를 살피는 부지런하고 낮은 자세의 리더십이 아쉽다. 우리에게는 politician이 아니라 statesman이 필요하다.

F. 국가와 정치와 역사에 대해 다시 생각해본다

뚜렷한 목표를 정하지 않고 호기심에 이끌린 공부는 예상하지 않던 분야로 발걸음을 이끌기도 하고 기존의 교육체계에 담겨있던 공식적인 커리큘럼에서 다소 벗어난 주장에 노출되는 일도 생기게 한다. 물론 이런 사고(事故)가 학문적으로 보편적인 학설로 자리잡지 않은 이론을 섣불리 흡수하는 부작용을 낳을 수도 있으나 동시대적으로 일어나고 있는 사회적인 현상들에 대해 새로운 생각을 하게 하는 계기가 되기도 한다. 필자는 이런 생각들을 사사로운 자리에서 지인들과의 대화거리로 꺼내기도 하고 SNS를 통해서 공유하기도 하는데 좋게는 참신하다는 반응부터 반골이나 사이비 좌파라는 핀잔 섞인 비난을 받기도 한다.

물론 이런 생각들은 해당 분야에 대한 정통적인 가르침 없이 어쭙잖은 생각을 하게 된 것이어서 해당 분야의 전문가들에게는 허술

한 논리로 보일 것이 틀림이 없다. 그러나 21세기의 복잡한 세계를 살아가면서 숱하게 맞게 되는, 교과서적으로는 도대체 이해가 되지 않는 현상들에 대한 해석을 가능하게 한다고 생각한다. 이 중에서 최근 가장 많이 생각하게 된 것이 국가와 정치와 역사에 관한 이야기이다.

감정을 공유하면서 무리를 이루며 살아가는 본능은 인간뿐만 아니라 많은 포유류에서도 관찰이 된다. 그런 본능은 가족과 부족을 이루면서 살아가는 행동으로 나타난다. 힘을 모아서 주변의 위험으로부터 보호를 받고 먹거리를 구하는 것은 인류와 그런 포유류들이 공통으로 보이는 행동일 것이다. 그런데 일부 포유류에서 종족의 유전적 우성을 지속시키기 위하여 우세한 수컷이 여러 마리의 암컷과의 교합을 독점하면서 무리 생활을 하는 행동은 인간에 와서는 부족 집단 간의 경쟁 우위를 차지하기 위한 행동으로 변화하게 된 것 같다. 물론 동물 세계와 유사한 생리적인 교합의 우선권을 획득하는 혜택의 흔적이 존재하기는 하지만 사회적, 경제적인 지위를 유지하면서 그로 인한 권위의 혜택을 얻는 것이 훨씬 중요해진 것 같다. 이 현상이 확장되면서 귀족과 군주가 더 많은 자원을 확보하기 위해 넓은 영지를 확보하려는 생각이 후일에 국가의 개념으로 발전하게 됐을 것이다.

이런 집단의 우두머리들이야 경쟁 관계에 있는 집단 간의 우위 다툼에서 얻어지는 세력의 변화에 따라 생존은 물론 권위의 부침이 직결돼 있었겠지만, 일반적인 구성원들은 집단생활에서 직접 얻는 것 이외에 자신이 속한 집단에 대한 특별한 애착심이나 소속감이 중요한 심리적 요소로 작용했을 것이다. 좁게는 가족이나 부족의 구성원들은 서로를 잘 알고 있어서 본능적으로 끈끈한 유대감을 느끼게 되는 것이 당연하겠으나 규모가 좀 커져서 일반 구성원 간에 서로잘 알지 못하더라도 가족 간에 느껴지는 감정과 유사한 동질감을 느끼는 것이 흔하다. 현대 국가에서도 비단 상위집단에서의 인위적인 애국심 유도를 차치하더라도 우리가 일반적으로 느끼는 나라 사랑도 다 여기에서 기인한 것이다. 물론 이것은 일반적으로 나라가 번성하면 그 나라의 백성 개개인에게도 좋은 일이 일어난다는 보편적인 믿음이 지켜지는 것을 전제로 한다.

앞 절에서도 언급했듯이 2~3백 년 전인 최근까지도 국경선은 군주나 영주들의 힘겨루기 결과로 수시로 바뀔 수 있는 것이었다. 그런데 2차 세계대전이 마무리되면서 승전국들이 주관한 조치로 19세기까지의 제국 간의 땅따먹기의 결과를 기준으로 선 긋기를 하여 거의 지금의 세계지도와 같은 꼴로 국가 간의 경계들이 결정되었다. 그중에는 전통적인 다툼의 결과로 만들어진 것도 있고 큰 강이나 산맥과 같은 지리적인 경계로 만들어진 것도 있지만 아프리카나 중동지방에서 흔히 발견되는 눈에 띌 정도로 '자대고 긋기'식(우리의 그 당시 38선도 이렇게 결정됐었다.)으로 순전히 인위적으로 만들어진 것들도 있는데 이런 경계를 기준으로 양쪽으로 나뉘게 된 정착민들의 국가관이나 민족의식은 어떻게 자리잡게 됐을까? 다른 한편으로는 인류 문명의 발달에 수 만 년 전부터 지속해서 일어났던 대륙 간 이동이나 유목민들의 기여가 결정적이었는데 이렇게 인위적인 국경을 정하고 이동을 통제한다는 것은 자연스러운 문명발달의 길을 차단하자는 뜻도 포함한 것인가?

다소 곁길로 나간 감이 있는데, 어쨌든 민족국가(nation state)라는 개념은 현대에 와서 통치자들이 통치의 편의를 위해 백성에게 주입한 인위적인 관념이라는 해석도 가능해 보인다. 동족에 대해 애틋한 마음을 품는 것은 확장된 가족에 대한 감정으로 해석할 수 있어서 본능에 뿌리를 두고 있다고 할 수 있는 반면에 국가에 대한 애국심은 통치자의 편의를 위해 여기에 국가라는 애매한 틀을 씌운 것에 지나지 않는 것으로 보인다.

따라서, 동일한 단어인 국가를 사용하면서도 고대의 국가와 현대의 국가 간에는 개념적으로 큰 차이가 있다. 고대의 국가는 그 국경이 해당 국가의 세력의 한계를 나타낼 뿐이었고 이웃 나라와의 국경이 서로 맞닿아 있지 않을 수도 있었다. 그런 중간지역의 정착민들은 집단적인 보호 체제를 벗어난 어쩌면 불안한 생활일지언정 특정한 국가에 속하지 않고도 얼마든지 저마다의 삶을 영위할 수 있었다. 그것이 제국주의 시대에 국가 간에 치열한 경쟁이 일어나면서 정해진 국경을 기준으로 사용하는 언어를 통제하는 등의 문화적인 변화도 일어나게 되었고 2차 세계대전이 종결되면서는 지구상에 한 나라의 깃발이 꽂혀 있지 않은 땅은 하나도 존재하지 않도록 인위적인 국경선이 그어지기도 했다.

이런 과정으로 정해진 국경선은 다분히 구시대 제국들의 입장을 반영해 정해진 것이어서 이 바람에 기형적으로 큰 국가로 만들어져서 현재도 세계정세에 위기적인 불안감을 고조시키는 사례들이 있다. 예를 들어서 혁명으로 러시아 제국을 멸망시킨 구소련은 자신의 힘으로 전쟁을 치를 수 없는 약한 나라였음에도 러시아 제국을 계승한 것으로 국제적으로 인정받고 2차 세계대전이 끝나기 일주일 전에 만주국을 침략하여 붕괴시킨 공(?)으로 북유럽부터 시베리아에 이르는 넓은 영토를 차지하게 됐다. 거기다가 유럽에서 나치 독일과의 참혹한 전쟁을 치른 공으로 동유럽의 여러 나라를 위성국가로 수십 년간 거느릴 수 있게 됐는데 이 기간에 미국과 군사적으로 대적할 정도의 강국으로 커질 수 있었다. 그러나 폐쇄적인 사회주의 체제에서 성장의 한계를 느끼고 개방화 정책을 도입한 것이 절반의 성공 밖에는 거두지 못하여 구소련의 영광을 되찾자는 주장이 최근의 우크라이나 전쟁과 그 이전의 아프가니스탄, 체첸, 그루지아에서 벌어진 전쟁들의 원인이 됐던 것으로 보인다.

한편, 2차 세계대전의 종전과 함께 영국이 대영제국의 보물이었던 식민 인도를 정리하면서 대강의 종교적 구분에 따라 인도와 파키스탄(서파키스탄과 동파키스탄이 한 나라로 묶였다가 후에 동파키스탄이 방글라데시로 분리됨)과 실론(지금의 스리랑카)으로 분리하여 독립시키게 된다. 이렇게 이루어진 인위적인 구분의 상처는 아직도 불안 요소로 남아있어서 인도와 파키스탄 사이에는 잦은 소규모의 전쟁과 더 나아가서는 위험천만한 핵 경쟁으로 전 세계를 종종 불안하게 만들고 있다. 그뿐만 아니라 고대 문명의 중요한 발원지였던 인도는 언어와 종교가 다른 수많은 소수 민족이 모여 있는, 영토와 인구가 많은 거대한 국가로 세워졌는데 아쉽게도 효율적인 통치 훈련을 받은 지도층을 갖추지 못하여 아직도 수많은 백성들이 국가의 경제수준에 걸맞지 않은 생활수준을 유지하고 있어서 이번 팬데믹 사태에 대한 대처가 매우 부실했던 것은 주지의 사실이다. 내부적으로는 이미 법적으로 폐기된 카스트제도의 전통이 사회적인 부담으로 남아 있는데 그나마 이 나라를 지탱해주고 있는 것은 역설적으로 과거의 카스트제도와 영국식의 교육제도로 자라난 엘리트 층이다. 이것이 통치의 효율에 부분적으로 도움이 될 수는 있겠으나 빈부 격차의 고착화에 기여하는 부작용으로 남아 있는 것도 사실이다.

중국은 고대로부터 이어진 왕조들의 역사적인 통치범위가 일반적으로 인정받은 상태에서 장개석의 국민당이 항일전쟁을 이어온 덕을 인정받아 중화민국으로 독립을 하게 됐다. 그런데 독립 이전부터 대결해오던 모택동의 중국 공산당에게 몰리면서 마지막까지 피신했던 신장과 해남도에서 패배하고 대만으로 피난을 한 다음에 중공이 티베트를 추가로 침략하여 지금의 국경을 이루게 됐다. 그래서 중국에서는 앞에 언급했던 것과 같은 자 긋기 식의 국경은 만들어지지 않았지만, 역사적으로 정해진 주인 없이 대상들의 활동무대였던 실크로드 지역을 송두리째 차지하는 행운을 누렸다. 이것이 유명한 일대일로 정책에 보이는 국제적인 지배력 확장 욕심의 계기가 되고 최근 화제가 되는 소수민족의 저항과 탄압의 원인으로 남아있는 것이다. 한편, 러시아와 유사하게 성장 지향을 내걸고 시장경제체제를 받아들였지만, 정치적으로는 일당체제를 고수하는 바람에 일반적인 통제에 익숙해지고 실책에 대한 수정에는 서툴어져서 '제로 코로나'의 늪에서 좀처럼 헤어나오지 못하고 있어 보인다.

장황해진 서론을 요약하면, 과거의 자연스러운 국가개념이 이미 수많은 시대적 변화를 겪으면서 매우 추상적인 개념으로 변환이 됐음에도 과거와 동일한 국가관이나 애국심이 필요하다는 생각은 자칫 권위주의적인 사고방식을 강요하는 오류를 범할 수 있게 된다는 것이다. 물론 필자를 포함한 대부분의 사람은 나라의 이름을 빛내는 일이 세계로 알려질 때 긍지를 느끼면서 눈물을 찔끔거리기도 하고 우리나라의 IMF 금융위기와 같은 국가위기 상황에 국민적인 단결을 이끌어내는 일도 일어나게 된다. 그래서 아직은 과거와 그리 다르지 않게 애국심이 중요한 사회적 덕목으로 간주하는 것이 일반적인 것 같다. 반면에 주로 위정자들이 선량한 백성을 애국심으로 자극하여 자신들이 원하는 방향으로 몰고 가려고 하는 부작용이 나타나기도 한다. 조금 오래된 이야기이기는 하지만 1974년에 정명훈이 차이콥스키 콩쿠르에서 2등을 하고 귀국할 때 김포공항에서 서울 시청까지 카퍼레이드 하는 광경을 본 기억이 나는데 이것처럼 한편으로는 우스꽝스럽기도 하고 한편으로는 조금은 창피한 억지 춘향과 같은 사례가 있는가 하면 정치적으로 중요한 기로에 섰을 때 평소에는 한 번도 가지 않는 국립묘지에 형식적으로 참배하는 위선적인 모습을 보이는 사례도 있는데 이런 것은 진정한 애국심이라기보다는 그런 형식을 통하여 애국심을 인위적으로 고취하려는 생각은 필자만의 것은 아닐 것이다.

이런 것들을 조금 삐딱한 시각으로 바라보면 현대의 '정부' 통치는 심리적으로는 전통적인 '나라'의 자리를 차지한 채 백성 개개인의 일상에 직접적인 간여를 하지 않고도 통일된 국가관을 형성할 수 있는 하나의 틀이 된 것으로 생각할 수 있다. 물론 이런 흐름에서 벌어지는 대부분의 일은 일반사회의 물질적·정신적 공익에 도움이 되고 활발한 국제교류를 통해 해외의 사정을 훤하게 보게 된 국민에게 국가적 정체성을 형성하는 계기가 되어 안정적인 사회를 만들어가는 데 필수적인 역할을 하는 것이라는 일반적인 공감대를 이루고 있다고 볼 수 있다. 요즘도 '매국노'라는 비난이 매우 심한 욕으로 느껴지게 하는 것도 여기에 기인한다고 볼 수 있다. 더 나아가서는 주류사회 안에서 국가관의 정통성에 대한 눈에 잘 띄지 않는 경쟁을 유발하기도 하는데 우리의 경우 언젠가부터는 공식적인 자리에서 우리나라의 이름은 초라한 '한국'이 아니라 위대한 '대한민국'이라고 불러야 한다는 심리적 압박을 느끼게 된 것으로 보이기도 한다.

그래도 여기까지는 전체 사회에 주로 긍정적으로 작용하는 것으로 생각할 수 있어 심각하지 않게 생각할 수 있으나 현대사회에서 필연적으로 등장하는 다양한 담론들이 동시대적으로 일어나는 분극화 과정에서 충분한 토의를 거치지 않은 상태에서 편향적인 국가관을 바탕으로 하는 결론으로 밀어붙이는 일이 종종 일어나고 있는 것이 문제가 된다. 특히 특정한 사안에 대해 앞 절에서 다뤘던 민족주의의 국수적인 편향이 기이한 관련을 갖게 되면 해당 사안에 대한 한쪽의 극단적인 주장이 거의 독점적인 지위를 누리면서 정상적인 토론이 불가능하게 되고 심지어는 그 사안에 대한 거론조차 금기시되기도 한다. 북미와 남미 국가 간의 극심한 빈부격차나 유럽 지역에서 아랍국들의 오래된 고통으로 폭발적으로 증가한 이민 문제를 놓고 주변의 다양한 사회적인 변화들에 대한 고려를 전혀 하지 않은 채 기존의 인구층에서 발생한 고용불안을 그 탓으로 매도하는 일이 그 대표적인 사례가 될 것이다. 우리도 일제 강점기의 역사적인 깊은 고통의 탓에 개인적으로는 일본인 친구와 가까이 지내는 사람들도 아직도 양국의 대표선수단 간의 경기는 객관적인 실력과는 무관한 특별한 정신무장을 바탕으로 절대로 지면 안 된다는 생각을 하는 것에 아무런 이의를 달지 않는 것 같다. 한편, 그 시대의 역사적인 사건에 관한 학술적인 연구마저도 같은 연장 선상에서 나온 판단의 영향을 받는데 거의 두 세대에 해당하는 35년간의 '우리나라'의 지배계층의 여러 방면에 걸친 행적들은 객관적인 파급효과보다는 먼저 반일이냐 친일이냐라는 기준으로 다뤄지고 있다는 인상이 든다. 수년 전에는 하버드 대학 한 교수와 세종대학 한 교수가 각각 위안부 문제를 다룬 논문을 발표하여 많은 논란이 일어났던 기억도 나는데 필자의 개인적인 소견으로는 학문적인 고려보다는 감성적인 피해의식이 너무 앞섰던 사례가 아닌가 하는 생각을 하고 있다.

이런 사례로 볼 때 현대에 와서는 매우 추상적인 것에서 발원한 국가관이 대중의 마음을 선동하는 효과가 큰데 포퓰리즘적 정치인들이 이 기회를 약삭빠르게 활용하고 있는 것이 여기저기서 보인다. 사실은 보이는 정도가 아니라 전통적으로 현대 민주주의의 표본으로 삼고 있는 서방의 여러 나라에서 시대를 거슬러 가는 생각을 하는 정치인들이 피해의식으로 편향적인 생각을 하는 대중을 움직여서 단기적이고 편협한 정치적 이익을 취하면서 담론의 장을 사실상 독점하려고 하는 것이 아닌가 하는 생각이 들 정도이다.[194] 어찌 보면 더 큰

194) Anne Applebaum, "Twilight of Democracy, The Seductive Lure of Authoritarianism", 2020.

문제는 이런 정치인들이 아니라 그런 정치인들을 지지하면서 표면적으로는 민주주의를 표방하면서도 구시대적인 권위주의 체제의 늪으로 빠져들고 있는 애국적이지만 우매한 대중이라고 볼 수도 있다. 우리가 모두 이제 국가와 애국심에 관한 생각을 다시 한번 해 볼 필요가 여기에 있다고 생각한다.

필자의 생각으로는 이런 국가관의 개념에 대해 일반 대중에 가장 넓은 파급효과를 나타내면서 첨예한 갈등을 보이는 부문은 해당 국가들의 역사에 관한 부문이라고 생각한다. 국가 간의 예로는 우리나라와 일본의 경우에 의무교육 과정에서 다룰 역사교육의 내용에 대해 강력한 통제를 하는 것을 우리는 잘 알고 있다. 이것은 일반적으로 애국적인 국가관을 갖춘 백성을 지지기반으로 확보한 정부가 그 정통성을 확고히 하기 위해 국가와 민족의 역사적 서사(narrative)를 그럴듯하게 꾸미는 것을 선호함에 따라 나타나는 현상으로 판단이 되는데 일반 대중은 그것을 통해 민족적 긍지를 느끼게 되기 때문에 큰 문제로 삼지 않는 것 같다.

한편, 최근에는 정부의 직접적인 관여 없이도 일반사회에서 공식적인 역사에 대한 논란이 일어나는 일도 있다. 예를 들어서, 미국에서는 1960년대의 인권운동 이후에 과거의 치욕적인 흑인 노예제도에 얽힌 역사를 투명하게 다루려는 노력이 진행되고 있는데 이것이 남북전쟁 당시에 남군 쪽이었던 남부지역의 일부 보수층의 복고주의적인 생각과 묘한 갈등을 일으키고 있는 것으로 보인다. 이런 현상은 비단 역사문제로만 그치는 것이 아니라 그들의 헌법의 특정 조항

의 해석을 두고 총기 보유와 사용에 대한 논쟁으로부터 시대의 흐름
에 따라 초등교육과정에 포함된 진보적인 내용에 대한 학부모들 간
의 조직적인 항의에까지 여파가 미치고 있다.

전문분야가 아님에도 장황하리만큼 긴 사설을 늘어놓은 것은
국가나 민주주의나 역사가 본질에서는 일반사회의 안정에 긍정적인
기여를 하는 개념이지만, 일부 악의적인 위정자와 그들의 선동에 흔
들리는 대중의 왜곡으로 마치 미꾸라지가 물을 흐리는 것처럼 분란
을 일으키는 현상을 최대한 방지하기 위해서는 이것에 대한 올바른
이해가 필요하다는 생각을 하기 때문이다.

G. 국사가 아닌 우리 역사를 가르치자

역사라는 학문은 과거 사회가 당면한 문제와 난관들을 극복해낸 기록을 통해 그런 행위들이 지역과 국가와 전 세계의 영역에서 인류사회와 민족들에게 미친 영향을 살펴보는 것을 목표로 하는 학문이다. 따라서, 역사에서 다루는 영역을 자기가 사는 지역이나 소속된 민족에 한정하게 되면 팔이 안으로 굽는 식의 편향적인 오류에 빠지기 쉽다. 그런데 앞 절에서 언급했듯이 건전한 국가관의 형성을 목적으로 역사교육이 초등학교 의무교육에 포함되면서 방대한 양을 다루기가 어렵다는 구실로 '우리나라' 역사로 한정하여 가르치는데서 문제가 발생하기 시작한다.

　우선 '우리나라'라는 것은 어떻게 정의해야 하는가부터 살펴보자. 아마도 그 시작은 우리나라의 뿌리를 추적하는 것에서 시작할 수 있을 것 같은데 그것에는 현재 한반도에 사는 사람들의 유전자 분석을 통하여 조상의 뿌리를 찾는 방법, 역사의 기록과 고고학적 유적과 유물을 통하여 찾는 방법, 언어와 같은 문화적 매체를 통해 문화 문명이 배어 들어온 경로를 찾는 방법 등이 있을 것이다. 현재까지 유전적으로 우리 조상은 지금의 중국 남방으로부터 대륙의 동해안을 따라 만주와 연해주 쪽으로 이동한 사람들이 한반도로 몇 차례에 걸쳐서 이동하여 정착한 것이라는 학설이 가장 유력한 것으로 알려져 있다. 추가적으로는 우리와 몽골인들과의 외모상의 유사성이나 언어적 계통으로 미루어 중앙아시아 유목민의 핏줄도 같이하고 있을 것으로 생각된다. 또한, 유목민들의 잦은 침략 과정에서 실크로드를 통한 신 문명들이 중국 땅에 흘러들어 오게 되고(물론 반대 방향으로 흘러나가기도 했지만) 그럴 때마다 한반도에서는 중국의 왕조들과의 교류를 통해서 그런 문명의 일부를 받아들이면서 힘을 키워나갈 수 있었을 테니 그런 곳에서도 우리의 핏줄을 찾을 수 있을 것이다. 따라서, 한반도라는 지리적인 범위 안에서 우리나라는 삼국시대의 고구려, 백제, 신라와 그 나라들의 건국과 성장 과정에서 크고 작은 기여를 했던 것으로 알려진 부여, 가야, 발해 등의 복합적인 문화적 산물이라고 보는 것이 옳을 것이다.

한편, 삼국시대 이후의 한반도의 국경 변천 과정을 살펴보면 우리나라의 국가적 뿌리는 통일신라에서 고려와 조선 건국의 흐름에서 찾는 것이 옳다는 주장[195]이 상당히 수긍이 간다. 이런 주장은 우리가 학교에서 배웠던 신채호가 "조선상고사" 등을 통해 주장한 내용과는 다소 차이가 난다. 당시, 일본식민지 시대에 일본제국이 정리한 한국의 역사에 대항하여 세운 민족사학에서는 만주까지 지배했던 패

195) 이종욱, "신라가 한국인의 오리진이다", 2012

기 넘쳤던 고구려가 우리나라의 뿌리가 될 수 있었는데, 당나라와 연합을 이루어 신라가 삼국을 통일하는 바람에 우리나라에 사대주의의 뿌리가 깊어졌다는 주장을 하고 있다. 필자도 학교에서 이렇게 배웠던 기억이 나는데 일본제국에 나라를 잃었던 역사적 굴욕을 치유하는 효과가 이런 학설이 형성된 중요한 원인이었을 것이다.

언어의 가까운 뿌리를 좇아 보면 지금의 우리말은 조선의 말과 같을 것이라고 쉽게 생각할 수 있다. 그러나 우리는 세종대왕 시절의 훈민정음으로 쓰인 문헌을 전문가의 도움 없이는 전혀 이해하지 못할 정도로 말이 달라져 있음에 주목해야 한다. 즉, 이성계의 조선은 고려의 말을 그대로 사용하고 왕건의 고려는 통일신라의 말을 사용했을 것이 분명하지만, 조선의 말이 500년 동안에 변했던 것처럼 고려의 말도 400년 이상을 지나면서 통일신라의 말과 달라졌을 것이 분명할 뿐만 아니라 이 기간에 고구려나 백제의 말이 변했을 것을 가정해보면 현재 우리의 문화적 뿌리는 삼국 중에는 통일신라로 생각하는 것이 옳아 보인다. 필자의 개인적인 소견으로는 만일 삼국 통일을 고구려나 백제가 했다면 아마도 우리는 각각 지금의 만주어나 일본어에 가까운 말을 사용하고 있었을지도 모르겠다는 생각도 든다.

여기에서 분명히 해두고 싶은 것은 이런 주장은 우리의 역사를 축소 지향적으로 해석하자는 것이 아니라는 것과 신라의 당나라 연합을 두고 사대주의의 발원이 됐다는 식의 해석은 삼가자는 것이다. 한반도의 국가들은 중국의 왕조들과는 비교하기 어려울 정도의 작은 나라였고 어차피 신문물의 흐름은 그쪽에서 이쪽으로 흘러올 수밖에 없었기 때문에 그 경로의 관리를 잘하는 나라가 경쟁에서 우위를 가지고 힘을 키웠던 것으로 해석하는 것이 더 옳아 보인다. 따라서, 그런 외교적인 전략을 구사한 신라의 지혜를 칭송하고 그렇게 만들어진 경로를 그 이후의 왕조들이 활용하여 지속해서 중국으로부터 신문물을 받아올 수 있었음을 이야기하는 것이 옳을 것이다.

따라서, 학교에서 우리 아이들에게 역사를 가르칠 때는 삼국시대의 역사를 중심으로 하되 만주 주변과 우리와 역사적으로 긴밀한 관계를 맺었던 중국과 일본의 역사도 가능한 이른 시기에 가르치도록 해야 한다고 생각한다. 즉, 국수적 민족적 긍지와 같은 편협한 목적과 암기식 교육방식을 버리고 다른 문화권과의 상호 작용으로 나타나는 역사의 흐름을 생각할 수 있도록 교육방침을 세워야 한다고 생각한다. 이런 관점에서 의무교육의 역사 과목은 정부의 통제를 받는 내용을 담은 '국사'를 버리고 위에 언급한 방향을 따르는 '우리 역사'로 전환하는 것을 제안한다.

말이 나온 김에 우리의 일제 강점기의 역사에 관한 이야기도 한번 꺼내 본다. 1948년에 정부를 수립한 대한민국은 분명히 우리나라이다. 반면에 1910년에 일본에 합방이 되어 일본 식민통치를 받던 시기는 한반도에 우리 민족이 많이 살았지만, 일본의 지배를 받던 속국이었다. 일본의 식민통치에 반대하는 독립투쟁과 많은 저항이 있었던 것은 너무나 잘 알고 있으나 또 하나 분명한 것은 당시에 일본제국은 한반도를 중국정복의 교두보로 삼으려고 자국에 투자하는 개념의 인프라 투자를 많이 했던 것이 사실이라는 것이다. 그런 일들이 35년 이상 진행이 됐는데 합방 직전 조선의 통치와는 비교도 할 수 없는 수준이었다. 조선 말기 우리나라의 사정을 소상하게 소개한 외국인들의 책이 여럿 나와 있는데 그런 책들을 보면 조선의 말기는 이미 나라의 체계를 상당히 상실한 상태였다.[196] 왕가와 양반 귀족들은 백성의 삶에는 전혀 관심을 보이지 않아 서울 시내에도 움막에서 거지와 같은 생활을 하는 사람들이 태반일 정도였던 것으로 묘사된 것을 볼 수 있다. 당시에 서울 이외에는 그나마 일본과 중국 상인들의 출입이 잦은 제물포가 그런대로 도시적인 모습을 갖췄었다는 묘사도 있을 정도로 왕궁과 그 주변 이외의 지역은 치외법권적인 처지로 전락했던 것으로 생각해도 무방할 수 있어 보인다.

이런 일들은 물론 일본제국이 통치와 군사적 목적에 따라 한 것이지만 결과적으로는 조선왕조는 하지 못하던 일들을 한반도에 한 결과가 되기는 했다. 이런 일이 35년이 넘도록 진행되었으니 그 사이에 조선인으로서의 애국심 여부와는 상관없이 각자의 삶의 터전에서 이런저런 모습으로 삶을 영위하는 것 외에는 선택의 여지가 없었을 것이다. 그런 행위 중에는 일본제국의 식민통치를 직접 돕는 반민족적인 친일행위들도 있었겠지만, 자신이 담당한 일을 어떻게든 더 잘해 보고 그 결과로 더 잘살아 보자는 의지로 한 것들도 많았을 것이어서 친일 여부에 관한 판단이 모호한 일들이 많았을 것이다. 요즘 일반인들이 친일 관련으로 친일 논쟁을 벌일 때 이런 정황들을 다 고려하면서 하는 것인지에 대한 의심이 든다.

학교에서는 잘 다루지 않는 이야기를 의도적으로 적어보았는

---

196) Isabelle Bishop, "Korea and Her Neighbors", 1897. Lilias Underwood, "Fifteen Years Among The Top-Knots, Life in Korea", 1904

데 학교에서 배운 대로의 공식적인 국사의 해석만을 고집하다 보면 어차피 일부만 남아있는 편향적인(승자의) 기록을 살피면서 객관성을 잃고 특정한 목적을 갖고 하는 해석의 왜곡이 일어날 수 있기 때문이다. 역사 공부의 목적은 단순한 지식의 축적이나 건전한 국가관의 형성과 같은 좁은 것보다는 그런 폭넓은 시각으로 역사를 바라보면서 오늘을 살아가면서 종합적이고 올바른 판단을 할 수 있게 하는 교훈을 얻기 위함이라고 생각한다.

H. 사고(思考)의 집단 마비를 초래하는 분극화

집단사고(groupthink)라는 개념이 있다. 이것은 응집력이 강하고 높은 이상을 추구하는 조직에서 서로의 의견을 지나치게 존중하여 비판적인 사고 없이 의견의 일치를 이루는 것을 말하는데 이런 과정에서 종종 큰 사고(事故)를 일으킨다고 하여 주목을 받게 됐다.[197]

대표적인 예가 미국 최고의 우수한 인재가 모인 케네디 정부의 백악관에서 쿠바의 카스트로를 제거하기 위해 벌인 비밀 작전이 큰 실패로 돌아간 "Bay of Pigs" 사태다. 당시 서로의 능력을 너무 신봉하는 바람에 계획단계의 예측과 가정에 대한 충분한 검토 없이 진행했다가 작전 개시 처음부터 일이 틀어졌다. 이 작전으로 자극을 받은 소련과 쿠바는 케네디 정부의 구조적인 허점이 드러난 것으로 판단하고 쿠바에 ICBM 기지 설치를 시도하다가 3차 세계대전 발발로 이

---

197) Irving Janis, "Groupthink", 1982

어지는 사태가 빚어질 뻔했다.

앞에서 몇 차례 언급했던 현대사회의 분극화는 바로 이런 집단사고의 원천이 되고 있다. 우리나라의 지방색이 그 좋은 예가 된다. 1980년의 광주민주화운동과 그 이후 두 번의 대통령 선거에서 김영삼 대통령과 김대중 대통령 간의 경쟁은 보수진영의 정당과 진보진영의 정당 간에 지지도가 첨예하게 갈라지게 만들어서 아직까지 이어지고 있다. 두 정당 간에는, 한쪽은 다소의 보수성향을 보이고 다른 쪽은 다소의 진보성향을 보였지만 뚜렷한 차이가 있었다고 하기가 어렵다. 단, 호남지역의 주민들이 영남지역의 주민들보다는 소득수준이 조금 낮은 차이는 있었지만, 이 정도의 차이로는 설명이 안 될 정도로 표가 갈리는 현상이 지속하여 이제는 아예 고착화한 느낌이 든다. 심지어는 양당이 영호남의 지방선거에서 상대방 지역에 아예 후보를 내지 않는 경우도 빈번할 정도다. 앞에서 언급했듯이 미국의 트럼프 대통령의 공화당의 예에서 유사한 사례를 찾을 수 있다. 이런 분극화와 그에 따른 집단사고는 정당으로서는 특별한 노력 없이도 몰표를 얻을 수 있으니 참신한 아이디어를 내는 일에 게으름을 피우게 하고 국가적 차원에서는 민주주의의 퇴보를 가져오는 폐해를 초래한다.

I. 명함만 보수와 진보로 찍어낸 분극화된 보수와 진보

이번으로 벌써 세 번째 누구를 찍어야 할지를 정말로 고민하게 만드는 대통령 선거를 치렀다. 최선이 아니면 차선이라도 선택하는 것이 최근 투표에서 흔히 듣는 푸념 섞인 이야기다. 이것도 마음에 들지 않는데 이번에는 어느 정규 뉴스 프로그램에서 앵커가 '이번 선거는 덜 싫은 후보를 뽑는 선거'라는 코멘트를 하는 것을 듣고 처음에는 귀를 의심했다. 이런 상황에도 당국의 공식적인 홍보 벽보에는 "아름다운 선거"라는 너무나도 어울리지 않는 표현을 사용하는 것도 너무 어색했다. 어느 쪽 후보도 큰 고민도 하지 않아 보이는 공약을 쏟아 내면서 설득력 있는 설명으로 소속정당의 정체성을 세울 노력을 하기보다는 상대방의 허점(사실 여부에 대한 논쟁은 차치하자)을 물고 늘어지는 진흙탕 싸움은 차라리 눈과 귀를 가리고 싶은 마음만 들게 했다. 이 싸움에 대하여 주류 언론은 오피니언 리더의 자리를 잃고 구태의 연한 보수와 진보의 논리로 시청률과 구독률에만 집착하는 듯이 그런 싸움에 부채질하는 보도로 일관하는 것으로 보였다. 과장이 심하다는 말을 들을 수 있겠으나 오히려 과거에 국가의 흥망이 위태롭거나 민주주의가 탄압을 받던 시기에 그럴듯한 정치인들이 더 많았던 것 같다. 어쩌면 한 사회는 적당한 위기상황을 맞을 때 영웅이 탄생하게 돼 있는 모양이다. 그렇다고 위기가 오기를 바랄 수는 없는 노릇이니 그 대안으로 일반사회의 관심을 끄는 난제에 대한 깊은 토의를 상시로 하면 된다. 너무나 새삼스러운 이야기인 것은 이것이 바로 이미 갖춰져 있는 의회제도의 역할을 교과서적으로 한 설명이기 때문이다. 문제는 이 기본적인 제도의 실행이 너무 비효율적으로 진행되어 제 역할을 하지 못하고 있다는 것이다. 건전한 의회정치가 이루어진다면 보수는 보수대로 진보는 진보대로 소속정당의 입장에 부합하는 의견을 주고받는 것이 정상적인 모습일 텐데 지금은 포퓰리즘적 덫에 스스로 걸려서 헤어나오지 못하고 있는 모습이다. 그릇된 역할에 충실하다 보니 전사들은 많이 배출되나 복잡한 문제를 제대로 분석하고 대안을 낼 수 있는 지략가는 잘 보이지 않는다. 내부적으로는 잠재력이 있는 인물이 있을 수 있으나 무대가 만들어지지 않아서 그렇게 보일 수도 있겠다.

보수진영의 기본적인 성향은 안정적인 질서를 추구하며 활발한 경제성장으로 좋은 나라를 이루는 것을 이상적으로 생각한다. 전통을 중시하고 과거의 성공사례를 재현하는 전략을 중시하여 경험 많은 전문가가 top-down으로 대부분의 문제해결이 가능할 것이라고 믿는다. 사소한 간섭의 배제를 지향하기 때문에 자유주의

(liberalism)라고 불리는 일도 있다. 국제관계에서는 자국의 이해를 극대화하기 위해 힘에 의한 제압과 자유로운 통상을 선호한다. 자국의 황금기에 대한 민족적 자긍심이 강한 경우에 무력적인 대결도 굳이 피하지 않는 경향도 보인다.

진보진영은 기본적으로 기존의 제도를 고쳐야 문제해결이 가능하다는 생각을 한다. 이것이 시대의 변화를 반영하여 사회의 비효율을 보완하는 자연스러운 방향이라고 생각한다. 이런 것을 제대로 하려면 기존의 틀을 벗어나는 개방적인 생각을 해야 한다고 생각하기 때문에 이런 사람들을 liberal 하다고 표현하기도 하는데 보수의 자유주의와 비슷한 영어 단어를 사용하여 구분에 혼란이 일어날 때도 있다. 이들은 기존 제도에서는 기득권에 이득이 쏠리는 것이 문제라고 생각하고 소외된 서민층에도 사회의 이득이 균등하게 돌아가서 행복한 나라를 만드는 것이 중요하다고 생각한다. 이것을 실현하기 위하여 기득권의 독점적인 지위를 흔드는 제도를 많이 만드는데, 이 때문에 경제적인 이득이 줄어들 뿐만 아니라 없던 간섭이 늘어나는 것에 대한 불만을 갖는 보수진영과 다툼이 일어나게 된다. 국제관계에서는 자유로운 교류에 대해서는 개방적이지만 자국의 산업에 피해를 줄 수 있는 교역에 대해서는 보호주의 입장을 취한다.

여기까지는 교과서적인 이야기인데 현실은 전혀 달라서 이념과는 전혀 무관하게 유권자의 표만 따라다니면서 이해 못 할 결정을 하거나 낭비적인 대립을 할 때가 많다. 예를 들어서 지난 정권 초기의 원자력 발전 중단 결정은 어설픈 환경의식을 근거로 전문가의 의견을 충분히 수렴하지 않은 채 통계적으로 가장 안전하고 저렴한 발전

방식을 포기하는 바람에 전력요금의 상승을 초래했을 뿐 아니라 무분별한 태양광 발전 도입으로 산림을 훼손하는 다른 환경문제를 초래한 결과가 됐다. 미국에서는 전 세계가 겪고 있는 기상변화가 인류가 일으킨 것인지 자연에 의한 것인지를 놓고 벌어진 낭비적인 다툼이 그 현상의 존재 여부를 따지는 것에 우선하는 바람에 이 현상을 최소화하기 위한 중요한 조치들이 지연되고 있다.

필자의 생각으로는 이런 것들이 다 분극화의 부산물이라고 여겨져서 낭비적인 분극화에서 헤어나오는 날이 하루빨리 오기를 기다려 본다.

XII. Quo Vadis

자유는 지도자를 현명하게 만드는 반면 폭정은 지식에 대한 전쟁을 일으킨다.

Freedom lets leaders be wise, while tyranny declares war on knowledge.

아테네 속담 Athenian Saying

전쟁, 그게 무슨 소용 있어요?

War, what is it good for?

에드윈 스타 Edwin Starr [War]

21세기로 넘어오면서 이제부터는 어떤 사회가 다양성을 어떻게 다루는가가 그 사회의 경쟁력을 결정할 것이라는 생각을 한 적이 있다. 세계가 좁아지다 보니 문화와 종교가 다른 사람들 간의 접촉이 필연적으로 늘어나게 되는데 그것이 화합과 정의로 가기보다는 갈등과 충돌로 이어지는 경우가 훨씬 많아 보인다. 큰 문제는 다루기가 어려워서 그런지 그 문제를 거론하는 일조차 눈에 잘 띄지 않고 근시안적이고 피상적인 문제 제기만 있고 그마저도 졸속으로 흐지부지되는 경우가 많은 것 같다. 그렇게 되는 이유 중의 하나는 목표가 불분명해서 그렇다는 생각이 든다. 필자가 종사했던 삼성전자 메모리 사업부에서는 Top10 → Top3 → 업계 Top → Intel 매출액 추월 등의 목표를 정해 놓고 합심하여 일류를 달성했던 기억이 있다. 우리나라 경제부흥기에는 비록 부작용은 있었지만, 수출액 목표를 정해 놓고 달성을 위한 기여도에 따라 차별적으로 기업을 지원해준 것이 지금의 발판이 됐던 것은 분명하다.

이 장에서는 필자가 생각하기에 우리가 당면한 과제를 어떤 목표로 풀어나가야 할 것인가를 피력해 본다.

A. 아이들 키우는 것이 재미있는 나라를 만들자

장기적인 인구 감소와 이로 인한 경제 역성장을 걱정하는 소리가 종종 들린다. 저 출산율, 교육제도, 부동산 등등이 이것과 연관된 문제들인데 수많은 대책에도 불구하고 결실이 잘 안 보인다. 수치적인 목표가 불분명한 것도 원인이었겠지만 출산율을 올려도 젊은 부부들이 여전히 아이들의 교육문제를 걱정하고 있다면 무슨 소용이 있는가? 아이를 많이 낳아 기르고 싶은데 그런 가족에 적합한 주택의 공급이 안 되거나 너무 비싸면 아이 낳기를 포기하라는 말인가? 연관되는 문제들을 생각도 하지 않고 개별적으로 취급을 하면 더 큰 문제를 남기는 결과를 초래하게 되는 것이 복잡한 현대사회의 구조이다. 장기적인 안목으로 아이를 키우기에 좋은 나라, 더 나아가서는 아이 키우는 것이 재미있는 나라를 만들기 위한 종합적인 계획을 세워야 할 것이다. 여러 정권에 걸쳐서 실천해 나가야 할 일이기 때문에 시작부터 여야는 물론 연관부문 간의 협의도 해야 할 것이다. 자칫 내부의 의견 충돌로 시간을 끄는 일이 있을 수 있으므로 단계별 부문별로 구체적인 목표(가능하면 수치화)를 설정해 책임소재를 명확히 하는 것도 중요할 것이다. 이렇게 해야 예를 들어서 지금처럼 기저귓값이나 겨우 될 정도의 육아 수당을 지급하면 저절로 출산율이 올라갈 것이라는 생각으로 하는 낭비적인 대책은 피할 수 있게 될 것이다.

이런 일에 직접 가담하여 일할 수 있다면 조금만 과장하면 1960년대에 미국에서 달 탐험계획에 참가한 사람만큼 보람을 느낄 수 있지 않을까? 형식적인 여가부는 폐지하고 이 과제를 담당할 "아기부"나 "아기 위원회"를 만드는 것을 제안해 본다.

교육은 잘 놀게 하는 것에서 시작된다

이 부분은 앞의 내용과 중복이 되는 내용이 있지만, 필자가 생각하는 중요성 때문에 여기서 좀 더 자세히 다뤄본다.

교육을 잘하는 나라로 핀란드를 꼽는 사람들이 많다. 여러 번 듣다 보니 궁금해서 Youtube에서 자료를 찾아보니 정말 배울 것이 많다고 생각했다. 그리고 너무 부러웠다. 필자가 본 영상물의 내용 중에서 인상에 남는 부분을 요약해 본다.

● 원칙적으로 숙제를 내주지 않는다. 배워야 할 것은 다 학급 내에서 익히는 것이 원칙이다. 학생들 간에 기초실력에 대한 차이가 있을 수가 없다는 것도 흥미로운데 이렇게 하는 가장 큰 이유는 하교 후에는 집에 가서 열심히 놀게 하기 위함이란다. 특히 어린 나이에

는 노는 것이 배우는 것이라는 교육원칙을 잘 지키는 모습이다. 이러다 보면 학생들의 학습 진도가 늦어지지 않을까 하는 걱정이 될 수 있으나 고등학교 졸업생은 평균적으로 2~3개의 외국어를 구사할 수 있다고 한다. 핀란드어가 라틴어 계열이 아닌데도 그렇다.

● 학급 내의 학업은 가능하면 혼자 하는 것보다 급우와 같이하는 것을 원칙으로 한다. 어릴 때부터 협동심과 타인에 대한 배려심을 키우기에 적합한 방법이다.

● 만 7세가 되어야 학교를 시작하고 16세가 되는 9년 동안만 의무교육 연한으로 정한다. 등교는 대개 9시 이후이고 오후 2시 정도에는 하교한다. 과목당 수업시간은 길게 잡고 대신에 휴식시간을 늘린다. 전체적으로 학습은 몰입해서 하게 하고 노는 시간에 대한 배려가 많은 제도다.

● 우리의 수능에 해당하는 시험이 없다. 시험 점수를 잘 받기 위해 족집게 공부를 하는 것을 방지하기 위함이란다. 시험공부는 공부가 아니라는 필자의 생각과 일치하는 생각이다. 학생의 성적 평가는 그 방식과 평가를 개별 교사에게 일임한다. 학년이 바뀔 때마다 교사가 바뀌지 않는 경우가 많다. 길게는 6년을 같은 교사와 지내는 경우도 있다. 학급의 정원도 작으므로 학생과 교사의 관계가 거의 가족의 수준까지 깊어질 수 있고 교사는 학생 하나하나에 대한 개별적인 지도와 평가를 할 수 있다.

● 교사는 최소한 석사학위는 있어야 자격이 주어져서 교사의 질에 대한 시비는 일어나지 않는다. 학생과 교사 역량의 전반적인 평가는 교육부가 표본조사로 진행한다.

지금의 우리 교육 문제를 입시정책 문제로 생각한다면 이런 지적은 의미가 없는 것일 수도 있겠다. 그런데 필자는 십 년 대계라고 하는 교육은 이런 것을 지향하는 것이 너무 당연하다고 생각한다. 현실적인 어려움은 앉아서 10페이지 이상도 쓸 수 있을 정도이겠으나 많아진 아기들이 잘 자라게 하기 위해서는 그 정도의 노력은 모두가 당연한 것으로 생각하게 될 것이다.

B. 대기업과 재벌은 구분되어야 한다

우리의 경제성장에는 재벌기업의 큰 역할이 있었다. 한 번도 가보지 않은 길을 전쟁의 폐허 위에서 시작해야 하는 상황이었고 축적된 자본이 없는 기업들의 투자를 유도하기 위해서는 상대적으로 경쟁력이 우월해 보이는 기업에 기회를 몰아줄 필요가 있었다. 이렇게 재벌기업이 탄생하게 됐는데 세월이 지나면서 부작용들이 나타나기 시작했다. 그것들을 일일이 다 나열하는 것은 이 책의 목적이 아니어서 다른 전문서적으로 미루고 필자의 관점에서 선택한 부분에만 한정한다.

우리의 재벌기업은 가업(家業)의 전통 위에 세워졌기 때문에 업적이나 능력도 중요하지만, 조직에 대한 충성도가 상당히 중요한 평가항목이다. 단순히 동양적인 전통에 따라 상관의 명령에 따르는 것이야 자연스러운 것으로 생각할 수 있으나 중요한 결정은 재벌총수의 지시에 따라야 하고 사업의 방향을 바꿀 수 있을 정도의 발상은 반드시 총수로부터 내려올 것으로 기대하는 것이 정상적인 것으로 생각하게 된다. 전통적으로 가부장적인 의식이 강한 가정의 모습을 떠올리면 된다. 이 상황에서는 헌신적으로 조직의 목표를 위해 매진해 이에 대한 평가를 잘 받는 것이 매우 중요해지고 일반적으로 장기 근무가 충성도의 잣대가 되기 때문에 연공서열에 따른 평가가 큰 비중을 차지하게 된다. 물론 이 과정에서도 혁신적인 기업인들이 배출되기는 하는데 진급의 속도나 지위가 미국식의 기업에 비해 한정적일 수밖에 없다. 이것이 일반적으로 혁신적이고 능력이 많은 기업인을 지속해서 양성하기 위한 효율적인 체계가 아니라는 것은 명백하다. 다행히 가업을 계승한 재벌총수의 능력이 출중할 때는 문제가 겉으로 드러나지 않아서 큰 문제가 되지 않을 수 있으나 혹시나 그 자리에 와서 더 큰 성과를 낼 수도 있었던 잠재 CEO의 등장을 원천적으로 차단하고 있었다는 사실을 간과하면 안 된다.

이런 상황에서도 업계에서 일류의 수준을 달성한 삼성전자, 포항제철, 현대자동차와 같은 기업들은 그 기업의 총수들의 고유한 기여의 결과라는 것을 부인할 수는 없다. 그런데 이미 규모가 일인이나 일가의 체제로 유지하기에는 한계를 넘어섰거나 지속해서 지배구조를 유지하기 위해 들이는 노력의 한계효용이 바닥에 가까워지고 있고 무엇보다도 바깥의 참신한 인력이 들어올 수 있는 길을 열어야 한다는 차원에서 이제는 교과서대로 경영과 소유를 합리적으로 분리하는 방안을 구체적으로 모색할 시기가 다가오고 있음을 인식해야 할 것으로 판단한다. 이와 함께 대기업들에 대해 비판을 하는 사람들도 그 비판의 대상이 기업활동에 대한 것인지 재벌의 행위에 대한 것인지를 분명히 해야 한다고 생각한다.

시장경제 체제를 유지하고 자본주의를 기초로 하는 경제체제에서는 기업활동이 그 사회 전반에 큰 파급효과가 있다는 것은 너무나 당연하다. 기업이 규모가 커지면 작을 때는 하지 못하던 것을 할 수 있는 여유가 생긴다. 미래를 바라보는 연구 활동이나 위기에 대비한 혁신 활동 같은 것들이 이 예에 속하는데 대기업들은 이런 활동의 결과로 경쟁력을 확보하게 된다. 일반사회는 이런 결과가 중소기업으로 흘러나와 작은 기업들이 한 단계 성장하는 기회를 얻을 때 얼핏 드러나지 않는 큰 이득을 얻게 된다.

C. 효율이 떨어진 통치체제를 기업이 도울 방법이 있을까?

정경유착이라는 말이 많은 사람들에게 익숙할 정도로 부패한 정치권과 탐욕스러운 기업의 불법적인 결탁이 많은 문제를 남겼다. 겉으로 드러나는 것보다는 자유로운 경쟁이 배제되어 구조적인 약점이 가려지는 것이 더 큰 문제였는데 정부는 정부의 목표에 부합하는 기업에 유리한 편향적인 정책을 구사하여 전체적인 효율을 잃게 되고 기업은 정부의 보호가 존재하는 영역에서만 경쟁하게 되어 자기혁신에 게을러져서 역시 효율이 낮아지게 됐다. 이것이 여러 해 쌓여서 맞게 된 것이 악명 높은 'IMF 금융위기' 사태다. 다행히 온 국민이 합심하여 이 위기를 극복하는 과정에서 정경유착의 많은 문제가 일차적으로 해소됐지만, 아직 뿌리 깊은 문제들이 많이 남아있는데 이것은 이 책의 범위를 넘어가고 있어서 여기서는 생략한다.

필자의 견해로는 이 사태를 통해서 우리가 배운 것 중에는 기업이 국제적인 시장에서 자유로운 경쟁을 해야 참다운 혁신을 하게 된다는 것과 이런 일을 잘한 기업에 대한 존경심이 높아진 것이 중요했다고 생각한다. 이 사태를 극복하면서 아무래도 규모가 상대적으로 작고 경쟁에 직접 노출되는 기업들의 움직임이 정부보다 훨씬 민첩해서 혁신의 효과를 먼저 보게 됐고 정부로서는 국가 경제를 과거와 같이 중앙집권적인 통제에 의존한 방식으로는 안된다는 것을 깨닫고 이전보다는 대기업의 의견을 상당히 존중하게 된 것으로 보인다. 이런 움직임이 이런 기회를 남용하는 기업군 내의 세력에 의해 또 다른 유착에 의한 부조리를 빚었던 부작용은 있었으나 역시 생략하고 여기서는 이 현상에 대한 필자 나름의 관점을 피력하고자 한다.

그것은 바로 정부나 정치권보다 훨씬 효율이 높아진 기업들의 영향력이 과거와 비교하면 훨씬 높아졌기 때문에 그동안 금기시됐던 기업의 정치개입에 관한 생각을 재고할 필요가 있어 보인다는 생각이다. 정부나 정치권의 활동을 경제적인 효율의 잣대로 평가하는 것이 원론적으로 적합하지 않은 것은 사실이나 새로운 기술의 도입이나 경영관리의 측면에서 눈부신 혁신을 이루고 있는 기업부문과 비교하면 일반적으로 나쁜 평가를 받을 수밖에 없다는 것에 대부분 동의할 것이다. 정부나 정치권이 기업활동만을 위해 존재하는 것은 아니지만 시장경제 체제에서 지속적인 경제성장을 목표로 삼는다면 그것의 많은 부분을 담당하는 기업들의 활발한 활동을 위한 제도와 산업기반의 조성을 시의적절하게 하는 것이 중요하다. 박정희 정권 때의 경부고속도로 건설이나 미국의 클린턴 정권에서의 Information Superhighway 사업 같은 것들이 이 예에 해당한다. 그런데 아쉽게도 기업보다 혁신의 속도가 확실히 처지는 정부와 정치권은 현재는 물론이고 시간이 흘러갈수록 기업활동에 도움이 되기는커녕 오히려 걸림돌이 될 조짐이 농후하다. 특히 요즘과 같이 정치적인 분극화의 족쇄에 묶여 있는 상황에서는 더 염려가 커지는 것이 사실이다. 경쟁에 고스란히 노출된 기업들로서는 이것은 생존을 좌우할 수 있는 문제여서 정부와 정치권의 혁신을 여유 있게 기다려줄 수 있는 여건이 아니다.

이러한 기업들의 needs를 충족하는 방법으로 과거에는 금기시됐던 기업의 정치 간여를 양성화하는 제도를 생각해보면 어떨까? 정권이 바뀌는 것과 무관하게 정치적인 중립을 지키면서 상시로 정부의 규제 중에서 낡고 낭비적인 것들과 의회에서 지연되면서 타이밍을 놓칠 위험에 처한 의안들을 지적하는 일만 하게 돼도 상당한 변화가 있을 수 있겠다는 생각이 든다. 한 발 더 나가서 정부 기관과 의원 중에서 이런 일들을 잘하는 Top10 목록을 발표하면 어떨까?

이 생각을 글로벌 대기업으로 확장해 보면 한 나라 안의 다수결의 원칙에만 매달리는 비정상적인 정부와 이것을 허용해주는 이기적인 국민에 대해 내정간섭이라는 비난을 받지 않는 차원에서 강력한 메시지를 보내는 방법은 없을까? 이번 우크라이나 사태에서 러시아에서 Boeing이나 MacDonald's 같은 기업이 보인 모범을 보면서 이렇게 영업 자체에 대한 결단은 아니더라도 글로벌한 홍보 캠페인으로 일반 대중의 선택에 영향력을 발휘하는 일들을 기대해 본다.

물론 이런 일들은 해당 기업들이 영업실적이 꾸준히 양호하게 유지되고 글로벌 윤리기준에도 충실할 때 유효할 것인데 이것에 관한 판단은 주주와 주류 언론의 몫이 될 것이다.

D. 남북통일과 한반도 평화중에 무엇을 우선 과제로 삼을 것인가?

이 질문을 필자의 부모님 세대에게 했다가 야단을 맞았다. 과거의 경험이 상처로 남아서 결론적으로는 원흉들의 확실한 처단이 없이는 평화가 불가능하다는 것이었다. 그 과정에서 일어날 수 있는 전쟁을 감수하더라도 그렇다는 것이었다. 학교에서 배운 "우리의 소원은 통일"이라는 노래가 아니더라도 우리 모두의 생각에는 '남북통일'이 세뇌 돼 있다고 해도 과언이 아닐 것이다. 그래서 시험 삼아 이 질문을 몇몇 모임에서 던져 보았는데 그에 대해 어느 쪽으로든 대답하기보다는 '별 이상한 질문도 다 하네.'라는 식의 표정이 대부분이다. 필자는 이에 대한 확고한 답이 있는데 한반도 평화가 우선이라는 생각이다. 특히 '통일'에 대한 구체적인 모습을 떠올리면서 생각해보면 더 그렇다.

남북통일이라는 개념에 대한 구체적인 모습은 대략 아래의 세

가지로 간추릴 수 있다.

① 남한과 북한이 한나라가 되어 민주적인 절차로 통합된 통치
체제를 구성한다.

② 남한과 북한이 한나라가 되어 남한이든 북한이든 한쪽에서
통합적인 통치를 한다.

③ 남한과 북한이 두 나라로 남되 사람과 물자의 자유로운 왕래
를 보장한다.

이 중에서 ① 번은 그 절차를 만드는 과정이 복잡할 뿐만 아니
라 결정된 다음에 수시로 반발이 일어날 수 있어서 사실상 가능성이
희박하다. 반면에 ② 번은 역사상 서독과 동독이 통일을 이룬 방식과
유사하여 선례가 있는 셈이다. 당시 동독은 서독과의 경제적인 합병
절차를 거치고 자체적인 의회의 결정으로 서독 정부에 흡수합병을
요청하여 통일됐는데 우리로서는 남한이나 북한이 어느 쪽이라도 그
런 요청을 할 가능성이 보이지 않는다. 물론 한쪽에서 무력을 동원하
여 강압적으로 추진할 수는 있겠으나 전쟁의 위험이 수반되고 장기
적인 내란의 가능성까지 있어서 역시 현실성이 없다. 따라서 ③ 번의
경우만 남는데 이것은 남북통일의 개념만 이렇게 바꾸면 한반도 평
화라는 개념과 매한가지가 된다. 따라서, 다른 무엇보다도 통일에 대
한 정의만 바꿀 수 있다면 전쟁 없이 한반도의 지속적인 평화를 구축
할 수 있겠다는 생각을 하게 된다. 물론 이것이 하루아침에 갑자기 될
수는 없을 테니 점진적으로 의식을 바꾸는 노력이 수반되어야 할 것
이다.

이것을 단계적으로 접근해가는 구체적인 방안을 하나 제시해

본다. 휴전선 비무장지대는 철책 근무를 하는 군인과 드물게 월경을 하는 사람 외에는 다니는 사람이 없어서 지난 70년 동안 전혀 훼손이 없는 자연적인 환경 천국이 돼 있다는 소리를 가끔 듣는다. 휴전선이 길이가 155마일[199)]이고 폭이 $4km$이니 총면적이 95,000ha(~3억 평)로 계산되는 방대한 면적이다. 나중에 평화로운 시절이 오면 이곳은 한 민족뿐만 아니라 세계적으로도 주목을 받을 만한 자연공원으로 이용할 수 있는 귀중한 장소가 될 수 있다. 그런데 이곳은 지뢰가 엄청나게 묻혀 있어서 어떤 형태로든 통일이 되어도 출입이 자유롭지 못할 것이다. 지금보다는 훨씬 냉정한 분위기를 만들어서 평화를 전제로 이곳의 지뢰를 남북이 공동으로 제거하는 일을 하다 보면 그런 일 자체가 평화를 가속적으로 당기는 계기가 되지 않을까?

---

199) 정확히는 148마일이라고 한다.

F. 21세기에 의미 있는 전쟁은 어떤 것인가?

인명을 중시하고 국제교역이 활발한 시대에 과거와 같은 소모전은 얻는 것에 비해서 잃는 것이 많아서 의미가 없어졌다. 2022년의 러시아의 우크라이나 침공 사태는 이 논리에 찬물을 끼얹은 예외적인 사례가 됐는데 푸틴 대통령의 비논리적인 사고가 원인이 됐기 때문에 앞으로 이런 일을 미리 방지하기 위한 대책을 구체화하는 과제가 제기된 것으로 판단이 되고 전쟁 자체에 대한 전반적인 논리는 아직 유효하다고 생각한다.

더군다나 우리와 같이 작은 나라는 다른 나라를 침략할 일도 없을 것이다. 따라서 우리에게는 사실상 적의 전쟁 도발을 억제하기 위한 전쟁 준비밖에는 의미가 없다고 볼 수 있다. 그러면 구체적으로 무슨 준비를 하고 있어야 하는가?

억제가 목적이므로 보이는 준비를 해야 한다. 그렇다고 소모적

전면전에만 쓸모가 있는 군대를 준비하고 있는 것은 낭비가 심하다. 상대방의 강점을 찾아내서 그것에 대한 확실한 제압이 가능한 능력을 보유하고 있으면 된다. 예를 들면 우크라이나에서 보듯이 적의 탱크에 맞서기 위해서는 비싸고 운영이 어려운 탱크를 준비하는 것보다는 상대적으로 값이 싸고 효율적 운영이 가능한 휴대용 대 탱크 미사일을 갖추고 있으면 되는 것이다. 이 예를 가지고 한 발짝 더 나가 보자. 상대방에 이런 준비를 철저히 하고 있음을 보여주면 상대방은 이제는 탱크를 준비하지 않고 다른 수단을 강구할 것이다. 그 수단을 강구하는 동안 이쪽에서 그것에 대한 대응을 또 하면 된다. 이런 과정을 몇 단계만 지나면 침략을 꾀하는 쪽의 노력이나 비용이 막으려는 쪽보다 많으므로 더는 침략 의욕을 잃게 되고 비효율적인 전쟁을 파하는 전략으로 전환할 수 있다.

대략 이 방향이 우리의 전략이 되어야 한다. 북한의 강점을 파악하여 이것을 확실하게 제압할 수 있는 군사력을 길러서 다양한 상황 변화에도 유연하게 대응할 수 있는 훈련을 열심히 하는 것이 필요할 것이다. 필자의 부족한 정보력으로는 북한에 대하여 걱정해야 할 부분은 미사일과 잠수함 관련이다. 미사일은 이라크 전쟁에서 보였던 것과 유사한 이동식 발사대에서 발사하는 미사일이 문제일 것이고 잠수함은 작지만 수량이 많은 것이 문제일 것이다. 이런 것들이 있다고 해도 여러 가지 지정학적인 고려사항으로 실제로 전쟁이 일어날 가능성은 희박하지만, 이것들에 대한 우리의 준비상태가 완비된 것을 북한이 인식하게 되면 결국 득보다 실이 많다는 것을 깨닫게 될 것이다. 과거 미국과 소련 사이에 경쟁적으로 핵미사일을 개발하는 일이 소련의 판정패로 끝났던 것처럼 경제력이 강한 남한이 북한을 꺾게 될 것이다.

이런 전략에는 징병제보다는 모병제에 의한 직업군인의 비중을 높이는 것이 유리해 보인다. 직업군은 장기복무로 기능의 전문화를 꾀할 수 있고 다양한 훈련으로 기능적인 유연성도 갖출 수 있다. 단, 직업군의 유지에는 일반사회의 부가적인 이해와 준비가 필요한 부분이 생긴다. 세월이 흐름에 따라 사회는 점점 온순해지는 경향이 일반적이다. 이에 비해 전쟁의 가능성이 존재하고 그 전쟁의 상대가 우리보다는 인명을 경시하는 의식을 갖고 있을 가능성이 커서 그런 적군을 맞아서도 강함을 유지할 수 있는 군대여야 한다. 그러므로 직업군대와 일반사회와의 조화에 문제가 불거질 수 있는데 현역시절에서부터 퇴역 후까지 잠재적 불화를 대처하는 방안이 세워져야 한다. 그러면서도 일반사회에서 따돌림을 받지 않고 높은 사기를 유지할 수 있게 하는 것도 중요할 수 있다.

필자의 생각으로는 지금의 우리 군대조직은 과거의 전략과 관습에 맞춰서 강대국의 옷을 줄여 입은 꼴로 상당히 비효율적인 것으로 판단된다. 상대방이 전의를 가지지 않게 하는 것을 목표로 하여 좀 더 세밀한 전략을 세우고 합목적적이고 효율적인 군대로 전환할 필요가 있어 보인다. 최종목표는 전쟁이라는 것이 의미가 없는 행위가 되도록 하는 것이다.

XIII. 나가면서

좌충우돌의 여정이 여기까지 왔다. 다른 말을 하기 전에 직업적으로 글을 쓰는 사람들에게 경의를 표한다. 머릿속의 생각으로는 멋진 것으로 생각했는데 글로 옮겨보니 매번 조잡하기 짝이 없는 내용이라는 것을 깨닫게 되고 원하는 대로 글이 써지지 않음을 느껴서 중도 포기를 생각한 적이 한두 번이 아니었다. 다시는 책을 쓰지 않을 것이 확실하다.

이 책을 구상한 것은 공부처럼 재미있고 쉬운 것은 없다는 평소의 소신을 피력할 생각 때문이었다. 그러다 보니 독창적인 내용은 거의 없고 책에서 본 내용을 필자가 생각한 흐름에 따라 엮은 것만이 고유한 기여인 것 같다. 처음부터 책으로 배운 내용을 다 옮길 생각은 하지 않았다. 그래서 무모하다 싶을 정도로 과감한 축약을 했는데 300~400쪽에 해당하는 책의 내용을 한 문장으로 축약하는 경우도 있어서 그 과정에서 중요한 오류가 있지 않았을까 하는 염려가 있다. 너그러운 혜량을 바랄 뿐이다.

전하고자 하는 메시지는 넓어 보이는 학문의 영역들이 서로 겹치는 부분이 많아서 호기심을 잃지 않고 주의를 기울이면 분야 간의 턱이 낮아질 수 있다는 것과 적당한 회의심을 가지고 사물을 대하면 보이지 않던 면이 보일 수가 있더라는 것이다. 필자의 경우 이 결과가 X장에서 XII 장까지 석 장의 내용이어서 이것이 이 책의 핵심이고 그 앞의 부분은 완충재로 생각하고 있다.

이 책은 거의 10년 전에 읽은 책들의 내용이 가물가물해진 가운데 Google, Wikipedia, Youtube, Amazon의 가이드가 없었으면 탄생하지 못했을 것이다. 방구석에 앉아서도 다 열리는 세상에 사는 것에 감사할 따름이다.

마지막으로, 읽은 책 중에서 혼자만 보기에는 아깝다는 생각이 들 정도로 재미있게 읽었고, 읽은 후에 시야가 넓어진 느낌을 받았던 책의 목록을 정리해보았다. 한 가지 부언을 한다면 필자는 운 좋게 어릴 때 영어를 익힐 수 있게 되어 영어로 된 책을 많이 읽게 됐는데 이것은 가능하면 원작자의 언어 그대로이거나 번역이 가장 충실히 됐을 언어로 읽고 싶었기 때문인 것이 한 부분이고 나머지는 영어로 된 책이 선택의 폭이 가장 넓기 때문이었다. 영어 때문에 평소에 자주 질문을 받게 되는데 그때마다 하는 답을 정리해 본다.

● 영어를 잘하려면 우선 국어부터 잘해야 한다. 언어는 수단이지만 문화가 담기지 않은 언어는 소음이 될 수 있다.

● 말하기나 발음보다는 읽기와 듣기에 치중하라. 반기문 사무총장은 아무리 촌스러운 발음으로 해도 고상한 청중을 마음대로 흔들어 대는 능력이 있다.

● 문법이 조금 잘못되는 것을 걱정하지 마라. 상대방이 영어를 더 잘하기 때문에 의사전달이 충분히 된다.

추천 도서 목록 (우리말 번역본이 있는 책은 우리말 제목을 병기했다.)

저자	도서명	내용
Carl Sagan	Cosmos 코스모스	우주의 기원을 쉽게 풀이함
Steven Weinberg	The First Three Minutes 최초의 3분	빅뱅 초기의 소립자가 물질이 되는 과정
Janet Browne	Charles Darwin 찰스 다윈 평전 1, 2	찰스 다윈의 전기
Eric Kandel	In Search of Memory 기억을 찾아서	자서전을 겸한 신경과학 소개
Suzana Herculano-Houzel	The Human Advantage	신경과학 소개
Daniel Kahneman	Thinking, Fast and Slow 생각에 관한 생각	과학적 심리학 소개
Jared Diamond	Guns, Germs, and Steel 총균쇠	동물학자의 눈으로 본 인류 사회
Frans De Waal	Mama's Last Hug	동물도 감정을 느낀다.
Christine Kenneally	The First Word	언어학 소개
Terrence Deacon	The Symbolic Species	언어와 뇌의 병행적 진화
Richard Wrangham	Catching Fire	불의 이용과 인간의 진화
EH Gombrich	The Story of Art	미술의 역사
Robert Wright	The Evolution of God	종교학
Dominic Crossan	Jesus	역사적 예수
Russel Shorto	Gospel Truth	신약 성경의 역사
AN Wilson	Paul	초대교회의 역사
Norman Davies	Europe	역사와 지리의 관계
Tamim Ansary	Destiny Disrupted	아랍 역사

진순신	이야기 중국사	전 7권으로 된 중국사
Peter Frankopan	Silk Roads 실크로드 세계사	중앙아시아의 역사와 현대
Peter Ackroyd	The History of England	총 6권으로 구성된 영국사
Robert Tombs	The English and Their History	영국사
이종욱	신라가 한국의 오리진이다	제목이 다 말해줌
Isabella Bishop	Korea and Her Neighbors 조건과 그 이웃 나라들	조건 말기의 우리나라 금강산 기행문
Paul Woodruff	First Democracy 최초의 민주주의	고대 그리스 민주주의의 오 리지널 개념
Doris Kearns Goodwin	Team of Rivals 권력의 조건	링컨 대통령 전기 남북전쟁
Nelson Mandela	Long Walk to Freedom	만델라 자서전
TR Fehrenbach	This Kind of War 이런 전쟁	한국전쟁사
David Halberstam	The Coldest Winter 가장 추운 겨울	한국전쟁사
Gary Hamel	Leading the Revolution 꿀벌과 게릴라	경영혁신
Kevin Maney	The Maverick and His Machine 내 인생에 타협은 없다	IBM 창업주의 전기 조직문화
Henry Wouk	The Winds of War 전쟁의 바람 War and Rememberance 전쟁과 기억	소설 2차 세계대전
Tom Clancy	The Red October	Jack Ryan series 8권 현대 정보전쟁 소설

필자의 서재 서가. 10년이 넘는 세월에 잡다한 소품도 쌓였지만, 외손주들의 사진이 중요한 자리를 차지하고 있다.